特高压变电站运行维护技能培训教材

国网河北省电力有限公司　组编

中国电力出版社
CHINA ELECTRIC POWER PRESS

内 容 提 要

随着我国交流特高压跨越式发展，设备数量增长与人员数量和应对能力之间的矛盾日益突出。为提升交流特高压变电站运维人员的运维能力，本书系统总结交流特高压变电设备运行维护、带电检测和缺陷处置案例，全面梳理国家标准、行业标准、企业标准，采用图片、案例分析、知识点诠释等方式，详细介绍交流特高压变电站运行和维护、巡视和操作、带电检测等内容，为一线员工提供具有业务技能培训、现场作业指导作用的培训教材，提升特高压变电站运维人员的实战能力。

全书共 7 章，包括特高压变电站电气主接线、1000kV 变压器、1000kV GIS、1000kV 电压互感器、1000kV 避雷器、特高压变电站二次系统、特高压变电站辅助系统。

本书可供交流特高压运维管理人员、技术人员阅读和使用，也可作为大专院校相关专业师生的学习用书。

图书在版编目（CIP）数据

特高压变电站运行维护技能培训教材/国网河北省电力有限公司组编. —北京：中国电力出版社，2021.5

ISBN 978-7-5198-5407-2

Ⅰ. ①特…　Ⅱ. ①国…　Ⅲ. ①特高压输电–变电所–电力系统运行–维护–技术培训–教材　Ⅳ. ①TM63

中国版本图书馆 CIP 数据核字（2021）第 035739 号

出版发行：中国电力出版社
地　　址：北京市东城区北京站西街 19 号（邮政编码 100005）
网　　址：http://www.cepp.sgcc.com.cn
责任编辑：赵　杨（010-63412287）
责任校对：黄　蓓　朱丽芳
装帧设计：郝晓燕
责任印制：石　雷

印　　刷：三河市百盛印装有限公司
版　　次：2021 年 5 月第一版
印　　次：2021 年 5 月北京第一次印刷
开　　本：710 毫米×1000 毫米　16 开本
印　　张：9　插页 1
字　　数：156 千字
印　　数：0001—1000 册
定　　价：36.00 元

《特高压变电站运行维护技能培训教材》

编委会

主　　编　曾　军

副 主 编　崔运闯　张玉亮　乔　辉　任江波　甄　利

　　　　　傅拥钢

编写人员　李　强　徐红元　王进考　张红艳　苗俊杰

　　　　　张志刚　董俊虎　丁立坤　尹子会　吴国强

　　　　　马　斌　庞先海　付炜平　马助兴　刘江力

　　　　　李方华　刘　昊　祖树涛　孟　荣　张雨卿

　　　　　常　浩　孟延辉　张　宁　张睿智　马宜军

　　　　　范晓丹　甄　旭　陈少功　李绍斌　林泽江

　　　　　贾玉伟　刘子豪　张立硕

序

电力工业是关系国计民生的基础产业，我国电网建设的稳步推进有力满足了经济社会发展的电力需求。特高压技术实现了电力的远距离、大容量传输，为保障国家经济发展和能源安全发挥了巨大作用，作为国家“新基建”项目之一，带动了中国技术、装备和工程，成为能源领域的一张“金名片”。截至 2020 年，国家电网有限公司累计建成“13 交 12 直”共 25 项特高压工程，为保障国家能源战略和大电网安全，助力“双碳”目标的按期达成，做出了突出贡献。

变电运维作为电网运营的核心业务之一，运维质量直接关系电网安全和可靠供电，责任重于泰山。电网设备规模不断扩大、新技术和新装备广泛应用，对广大变电运维人员的业务能力、职业素养提出了更高要求。

为适应“提高变电运维人员状态感知、缺陷发现、主动预警、设备管控和应急处置”五种能力建设，实现“设备主人+全科医生”的转型。国网河北省电力有限公司组织编写了《特高压变电站运行维护技能培训教材》。本书的编写人员主要由多年从事现场一线工作的技术人员以及参加国家电网有限公司变电运维技能竞赛的教练和选手组成。希望本书的出版，可对广大一线变电运维人员业务能力提升起到一定的指导和帮助作用，为建设具有中国特色国际领先的能源互联网企业做出更大贡献！

2020 年 12 月

前 言

变电运维质量直接关系电网安全运行和电力可靠供应，落实设备“主人制”、加强变电站运维管理是夯实电网安全基础、保障设备稳定运行的重要举措。

随着我国特高压跨越式发展，特高压变电站运维人员不仅要掌握交流特高压设备的基本知识、维护要点、倒闸操作等通用性技能，还要具备熟练的运维一体化、带电检测、常见缺陷处置等实际操作能力，努力打造“全科医生”队伍，以适应复合型人才需求，为建设具有中国特色国际领先的能源互联网企业做出贡献。

本书旨在系统总结特高压变电设备运行维护、带电检测和缺陷处置案例，突出实用性，全面梳理国家标准、行业标准、企业标准，采用图片、案例分析、知识点诠释等方式，详细介绍特高压变电站运行和维护、巡视和操作、带电检测等内容，为一线员工提供具有业务技能培训、现场作业指导作用的培训教材，提升特高压运维人员的实战能力。

本书共 7 章，第 1 章概述特高压变电站电气主接线；第 2 章介绍 1000kV 变压器的结构特点、运行维护和气体检测；第 3 章介绍 1000kV 气体绝缘金属封闭开关设备（gas insulated substation，GIS）的结构特点、运行维护和带电检测；第 4 章介绍 1000kV 电压互感器的结构特点和运行维护；第 5 章介绍 1000kV 避雷器的结构特点、运行维护和泄漏电流检测；第 6 章介绍特高压变电站电气二次系统，包括继电保护、综合自动化、防误装置和 AVC 系统特点及运行维护；第 7 章介绍特高压变电站辅助系统，包括消防系统、给排水系统、图像监视和安全防护系统等内容。

本书可供交流特高压运维管理人员、技术人员阅读和使用，也可作为大专院校相关专业师生的学习用书。

由于时间和水平有限，书中难免存在疏漏和不足之处，恳请各位专家和读者批评指正。

编 者

2020 年 12 月

目 录

第1章

特高压变电站电气主接线

特高压变电站的电气主接线应根据变电站在电力系统中的地位，综合考虑变电站的规划容量、负荷性质、连接元件数、配电装置特点、设备制造和供货能力等因素，以满足供电可靠、运行灵活、检修方便、便于扩建、投资合理、节省占地为原则，通过技术经济比较后确定。

1.1 1000kV 配电装置设计规定

1000kV 配电装置应采用气体绝缘金属封闭开关设备。

当线路、变压器等连接原件的总数为 5 回以上时，1000kV 配电装置的最终接线方式宜采用 3/2 断路器接线。

当采用 3/2 断路器接线时，同名回路应配置在不同串内，电源回路与负荷回路宜配对成串。如接线条件限制时，同名回路可接于同一侧母线。

1000kV 线路并联电抗器回路，宜采用不装设断路器和隔离开关的接线。

当采用 3/2 断路器接线时，避雷器和电压互感器回路不应装设隔离开关；1000kV 元件出口处均不应装设隔离开关。在满足继电保护和计量要求的前提下，当采用 GIS 设备时，宜在断路器两侧分别配置电流互感器。

在每回线路出线侧应装设三相电压互感器；在主变压器和母线上，应根据继电保护、计量和自动装置的要求，在一相或三相上装设电压互感器。

1.2 主变压器配电装置设计规定

主变压器容量和台数的选择，应根据 SDJ 161—1985《电力系统设计技术规程》有关规定和审定的电力系统规划设计方案确定。变电站任意1台主变压器事故停运时，其他元件不应超过事故过负荷的规定。凡装有2台（组）及以上主变压器的变电站，其中1台（组）事故停运后，其余主变压器的容量应保证全站负荷的70%。

1000kV变压器宜选用单相自耦变压器。应根据系统和设备情况决定是否装设备用相。

1000kV变压器低压侧额定电压宜选用110kV。当自耦变压器低压侧接无功补偿设备时，应根据无功功率潮流，校核变压器公用绕组的容量。

1000kV主变压器宜采用中性点无励磁调压方式。

1.3 110kV配电装置设计规定

1000kV变电站中主变压器中低压侧额定运行电压宜采用110kV，最高运行电压宜采用126kV，中性点采用不接地方式。当低压侧配有无功补偿装置时，可根据实际设备能力和无功补偿设备的配置情况，在变压器出口装设1台或多台总断路器，每台断路器应接一段互不连接的单母线。

主变压器低压侧安装的无功补偿设备宜按补偿性质分别采用等容量分组，分组容量应根据投切电压及设备能力经计算确定。

第2章

1000kV 变 压 器

2.1　1000kV 变压器结构特点

2.1.1　1000kV 变压器总体结构

1000kV 变压器器身与 500kV 变压器器身布置不同，500kV 变压器采用整体器身布置，而 1000kV 变压器采用分体结构，分为主体变压器和调压补偿变压器两部分。主体部分与调压补偿部分各自处于独立油箱中，通过油一空气套管在外部进行连接，当调压补偿变压器有问题时，主体变压器可以单独运行。1000kV 特高压变压器总体结构见图 2－1。

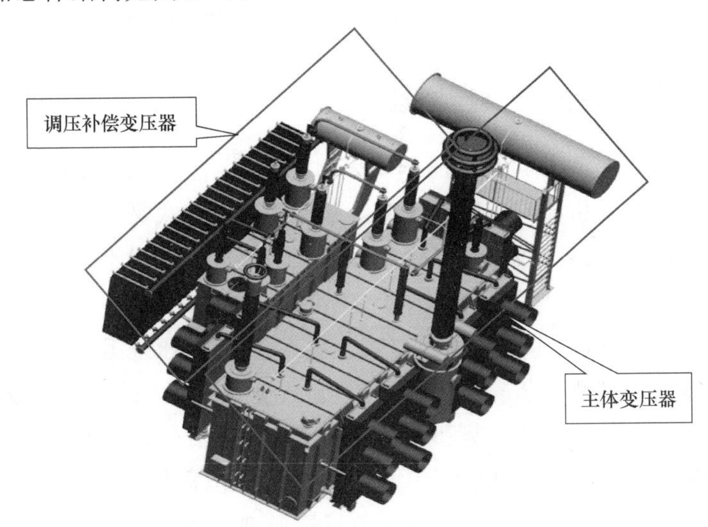

图 2－1　1000kV 特高压变压器总体结构

主体变压器铁芯采用单相五柱式，即三主柱带两旁柱。三主柱各相绕组并联，每柱 1/3 容量，即每柱容量 334MVA。由内至外依次套装：低压绕组（三次绕组）—中压绕组（公共绕组）—高压绕组（串联绕组）。主体变压器高、中、低压绕组接线原理图见图 2－2。

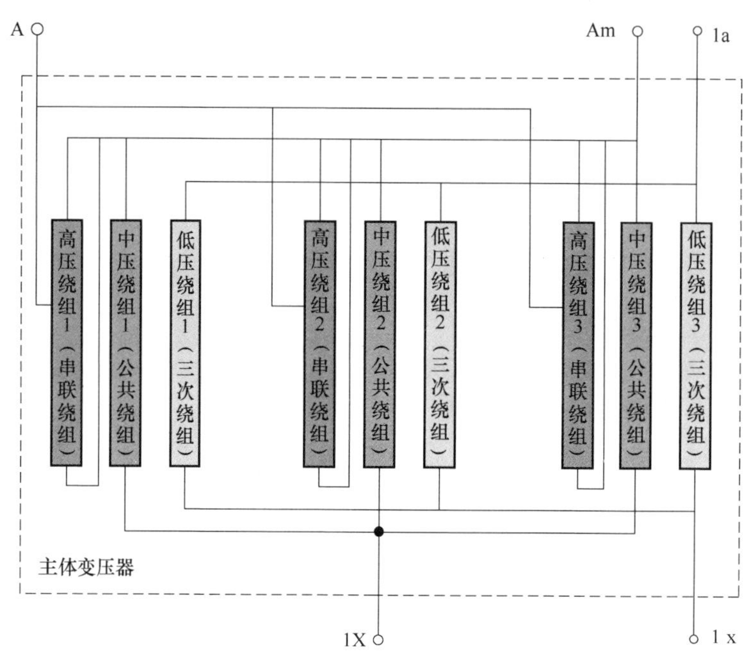

图 2－2 主体变压器高、中、低压绕组接线原理图

2.1.2 1000kV 变压器调压原理

500kV 和 750kV 单相自耦变压器均采用中压线端调压方式。由于调压时绕组每匝电压不变，不会引起铁芯磁通改变，故这种调压方式又叫作恒磁通调压。缺点：调压绕组电流大，引线粗；高磁场强区域范围大，引线绝缘不好处理，分接开关的电位高。

1000kV 变压器采用中性点调压方式。优点：① 调压绕组和调压装置的电压低，绝缘要求低，制造工艺易于实现；② 公共绕组回路内的分接电流小。缺点：调压时主体变压器的匝间电动势和铁芯磁通密度发生变化，导致低压侧绕组输出电压随之变化。故增加低压补偿绕组，维持低压侧电压的恒定。

中性点调压方式的本质是采用电压负反馈原理，在主体变压器的中性点侧串联调压变压器的调压绕组。通过改变调压绕组的极性及挡位来调节 500kV 中压侧电压。调压绕组共 9 个挡位，1～4 挡为正极性，6～9 挡位负极性，5 挡位为额定挡位（见表 2－1）。

表 2-1　　特高压变压器中性点分接对应表

分接位置	触头位置	高压侧		中压侧		低压侧	
		电压（kV）	电流（A）	电压（kV）	电流（A）	电压（kV）	电流（A）
1	3-4　2-8	$1050/\sqrt{3}$	1649.6	$551.250/\sqrt{3}$	3142.0	110	3036.3
2	3-4　2-7			$544.688/\sqrt{3}$	3179.9		
3	3-4　2-6			$538.125/\sqrt{3}$	3218.7		
4	3-4　2-5			$531.563/\sqrt{3}$	3258.4		
5（额定挡位）	3-4　2-4			$525.000/\sqrt{3}$	3299.1		
6	3-5　2-4			$518.438/\sqrt{3}$	3340.9		
7	3-6　2-4			$511.875/\sqrt{3}$	3383.7		
8	3-7　2-4			$505.313/\sqrt{3}$	3427.7		
9	3-8　2-4			$498.750/\sqrt{3}$	3472.8		

2.1.3　1000kV 变压器主要附件

2.1.3.1　无励磁分接开关

1000kV 变压器采用德国 MR 无励磁分接开关，型号为 DUI-2403-123-12091BB，无励磁分接开关只有在变压器的高压、中压和低压侧同时断电的情况下才可以调节分接绕组，德国MR无励磁分接开关结构示意图如图2-3所示。

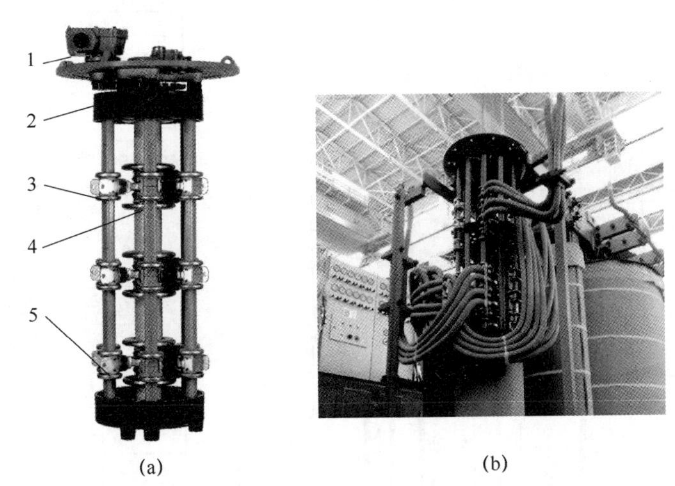

(a)　　(b)

图 2-3　德国 MR 无励磁分接开关结构示意图

（a）结构图；（b）示意图

1—无励磁分接开关开关头，包括上齿轮盒、位置指示器和监控装置、放气装置、槽轮机构；2—条笼上端圈；3—绝缘条，包括接线端子、输出端子；4—切换轴；5—条笼下端圈

2.1.3.2 套管

1000kV 变压器主体变压器部分有 1000kV 高压套管 1 支、500kV 中压套管 1 支、低压引出线套管 2 支、中性点引出线套管 1 支；调压补偿变压器部分有低压引出线套管 3 支、中性点引出线套管 3 支。油纸电容式套管（oil impregnate paper, OIP）主要包括上下瓷件、电容芯、试验抽头、套管储油柜、安装法兰、取油塞、导电杆、油位表、均压球（环）等，油纸电容式套管结构示意图如图 2－4 所示。

图 2－4 油纸电容式套管示意图

2.1.3.3 套管电流互感器

套管电流互感器是由环形铁芯和绕在铁芯上的二次绕组组成，套管插入电流互感器内，套管内的相线相当于一次绕组，当套管内的相线通过电流时，电流互感器的二次绕组产生电流。套管电流互感器布置图如图 2－5 所示。

套管电流互感器根据用途不同分为：① TPY 级，用于本体变压器和调压补偿变压器保护、录波；② 0.2S 级，用于主变压器测控装置；③ 0.5 级，用于主变压器绕组测温、风冷控制。

电流互感器技术性能数据

装设位置	互感器代号	电流比	准确级	负荷(VA)
高压套管 A	TA1	2500/1	TPY	12
	TA2	2500/1	5P20	15
	TA3	2500/1	0.2	10
中压套管 Am	TAm1	5000/1	TPY	12
	TAm2	5000/1	5P20	15
	TAm3	5000/1	0.2	10
中性点套管 A01	TA01	2500/1	TPY	12
	TA02	2500/1	TPY	12
	TA03	2500/1	TPY	12
	TA04	2500/1	TPY	12
	TA05	2500/1	5P20	15
低压套管 a1	Ta1	4000/1	TPY	12
	Ta2	4000/1	TPY	12
	Ta3	4000/1	TPY	12
低压套管 x1	Tx1	4000/1	TPY	12
	Tx2	4000/1	TPY	12
	Tx3	4000/1	0.2	10
低压套管 a	Ta5	1000/1	TPY	12
	Ta6	1000/1	TPY	12
	Ta7	1000/1	TPY	12
低压套管 x	Tx4	4000/1	TPY	12
	Tx5	4000/1	TPY	12
	Tx6	4000/1	TPY	12
补偿变压器中性点前	TA06	1000/1	TPY	12
	TA07	1000/1	TPY	12
	TA08	1000/1	TPY	12

变压器主体　　调压补偿变压器

图 2－5 套管电流互感器布置图

2.1.3.4　冷却器

常用冷却方式有强迫油循环风冷（oil direct air freeze，ODAF）或（oil force air freeze，OFAF）、油浸风冷（oil natural air forced，ONAF）、油浸自冷（oil natural air natural，ONAN）三种。

1000kV 特高压变压器的本体变压器采用 OFAF 冷却方式，调压补偿变压器采用 ONAN 冷却方式。

图 2-6　油泵

油流指示器是显示变压器强迫油循环冷却系统内油流量变化的装置。日常应关注油泵转向是否正确、阀门是否开启、管路是否有堵塞等情况（见图 2-6）。当油流量达到动作油流量或减少到返回油流量时，均能发出报警信号。油流的方向是从冷却器下部流入本体，如图 2-7 所示。油流指示器能够承受真空压力 65Pa 和 245kPa 正压力。

(a)

(b)

图 2-7　油流指示器

（a）正视图；（b）俯视图

2.1.3.5　气体继电器

气体继电器是油浸式变压器的主要保护装置。因变压器内部故障而使油分解产生气体或造成油流冲动时，气体继电器的触点动作，以接通指定的控制回路，并及时发出信号或自动切除变压器。气体继电器结构示意图见图 2-8。

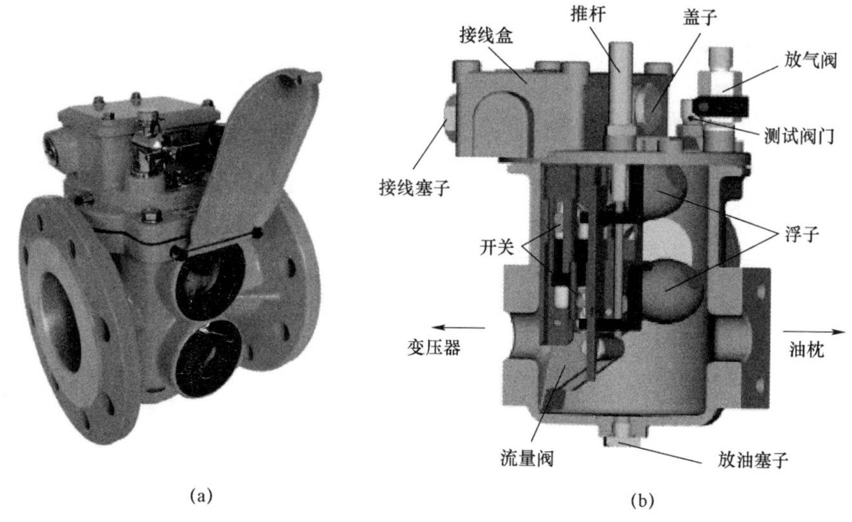

图 2-8　气体继电器结构示意图
（a）示意图；（b）结构图

2.1.3.6　压力释放阀

压力释放阀是用来防止油浸式变压器发生过电压的安全装置，可以避免油箱变形或爆裂。压力释放阀的主要结构型式是外弹簧式，主要由弹簧、阀座、阀壳体（罩）等零部件组成，压力释放阀结构示意图见图 2-9。

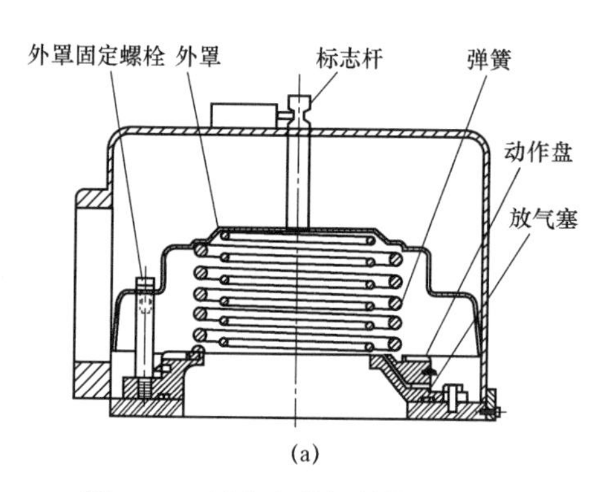

图 2-9　压力释放阀结构示意图（一）
（a）结构图

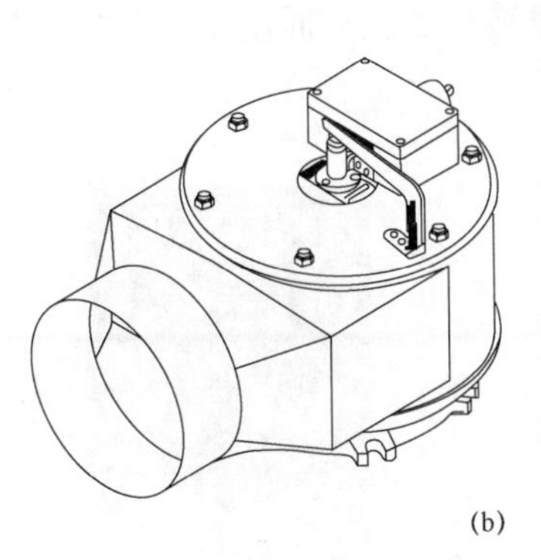

(b)

图 2－9　压力释放阀结构示意图（二）

（b）示意图

2.1.3.7　速动油压继电器

速动油压继电器是变压器的压力保护装置，安装在变压器油箱的顶部或侧壁，当变压器由于故障引起油箱内压力升高的速率超过规定值时，压力继电器迅速动作发出跳闸信号使变压器停止运行，防止变压器故障进一步发展（见图 2－10）。

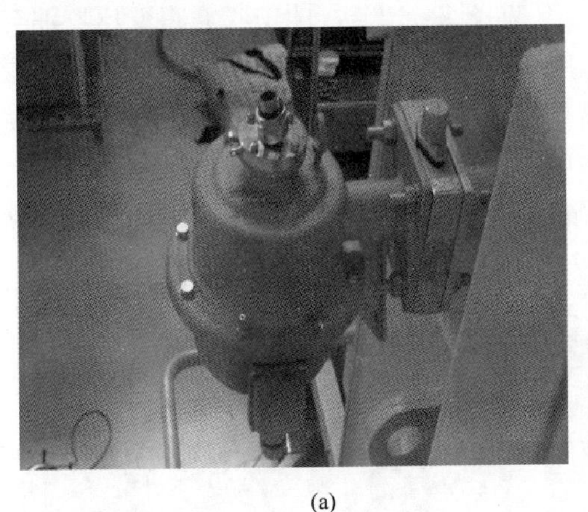

(a)

(b)

图 2－10　速动油压继电器

（a）俯视图；（b）仰视图

2.1.3.8　温度计

变压器温度计是用来测量变压器油顶层温度和变压器绕组热点温度的保护装置，主要分为油面温度计（见图 2－11）、绕组温度计。

1000kV 特高压变压器的本体变压器装设 2 支油面温度计、1 支绕组温度计；调补变压器装设 2 支油面温度计。

图 2－11　AKM34 系列油面温度计

2.1.3.9　储油柜

1000kV 变压器采用胶囊式储油柜（见图 2－12），即由胶囊将变压器油与空气隔离的储油柜。该储油柜由柜体、胶囊、注放油管、油位计、集污盒和吸湿器等部件组成的；储油柜中的胶囊阻断变压器油与空气的接触，防止空气中的氧和水分的浸入，可以延长变压器油的使用寿命，具有良好的防油老化作用，与胶囊相连通的吸湿器吸收进入胶囊空气中的水分，使其免受潮湿。储油柜能够承受真空压力 133Pa 和 100kPa 正压力，胶囊能够承受 20kPa 正压力。

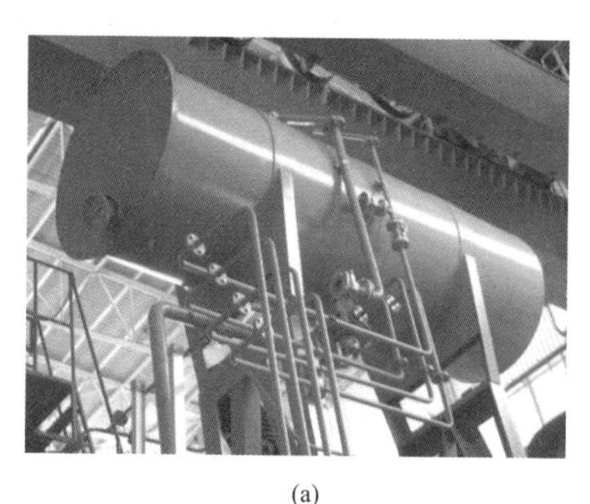

(a)

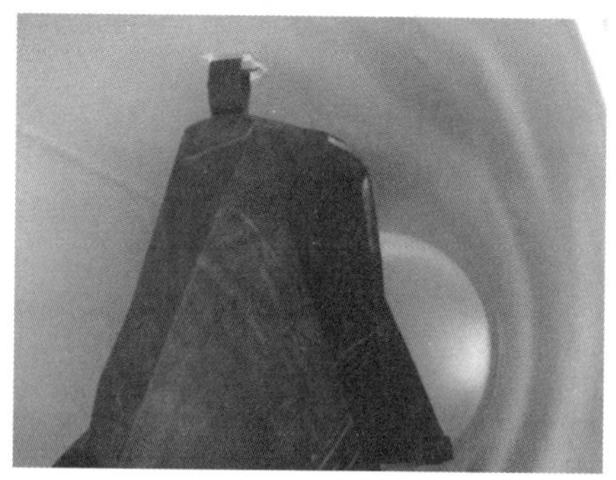

(b)

图 2－12　胶囊式储油柜

（a）外观图；（b）内部示意图

2.1.3.10　油色谱在线监测仪

1000kV 特高压变压器和高压电抗器油色谱在线监测仪（见图 2－13）采用与实验室相同的气相色谱法，使用色谱柱将各种气体分开，并对每个色谱峰进行定量计算。在线监测仪的心脏是一台特制的气相色谱仪，用于测量变压器油中故障气体。每做完一次气相色谱分析后，监测仪采集一次数据，一次完整的气相色谱分析大约需要 40min。监测仪设置为每 4h 进行一次气相色谱分析。所有的数据都储存在监测仪的闪存中，可以储存大约 2 年的数据。油循环和脱气原理如图 2－14 所示。

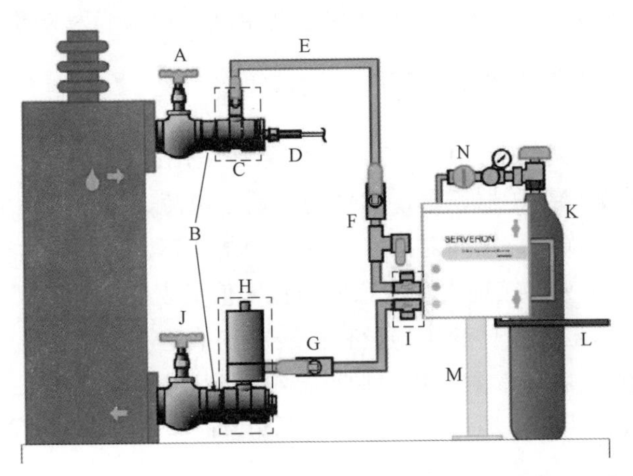

图 2－13　1000kV 特高压变压器和高压电抗器油色谱在线监测仪安装图

A—已有的变压器阀门；B—用户提供的外丝；C—出油阀；D—水分温度传感器；E—用户提供的不锈钢管；F—第二关断/采样阀；G—回油阀组件；H—排气装置；I—油过滤器；J—已有的变压器阀门；K—用户提供的氦气；L—用户提供的电源；M—安装支架；N—氦气减压阀

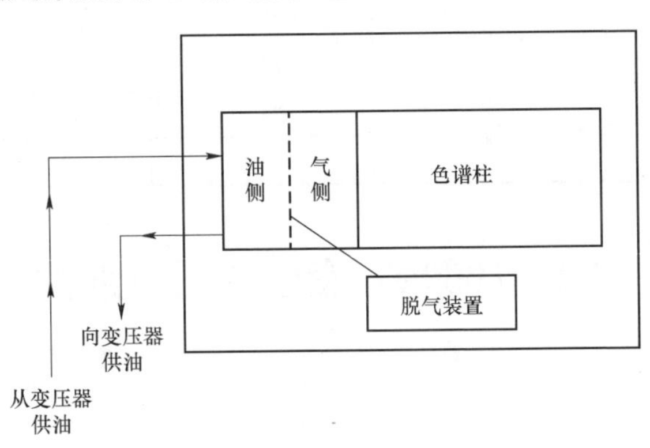

图 2－14　油循环和脱气原理图

（1）载气瓶注意事项。在默认的4h分析一次频度下，氦气可以使用4年以上。每季度需要检查一次减压阀表压，每半年用检漏液检查一次气路连接的气密性，以确保不漏气。当氦气的压力表读数低于150psi（10.34×10^5Pa）时，需要更换氦气瓶。在充满的状态下，氦气瓶的压力超过2000psi（138×10^5Pa）。氦气在进入监测器之前被调节到80psi（5.5×10^5Pa）。

（2）标气瓶注意事项。标气检验证书的有效期为3年，按照默认的每3天一次的校验频度，标气瓶中的气量足够3年使用。每季度需要检查一次减压阀表压，每半年用检漏液检查一次气路连接的气密性，以确保不漏气。当标气瓶高压侧压力低于25psi（1.72×10^5Pa）时，需要更换标气瓶。当充满时，标气瓶的压力超过500psi（34×10^5Pa）。标气在进入监测仪之前用减压阀调节为8psi（0.5×10^5Pa）。

2.1.3.11 铁芯/夹件接地电流在线监测仪

主变压器铁芯/夹件接地电流在线监测系统采用高性能微小电流传感技术连续、实时、在线测量变压器铁芯、夹件的接地全电流、接地工频电流等参量，通过综合数据平台的横向、纵向对比，了解变压器铁芯、夹件的运行状况及变化趋势。主变压器铁芯/夹件接地电流注意值与报警值见表2-2。

在特高压变压器的主体变压器设有在线监测单元，数据上传至IED（位于变压器智能组件柜），各种参数汇集后通过光缆送到监控软件。

现场指示灯说明：电源灯为红色，装置正常时点亮；运行灯为绿色，装置正常时点亮；报警灯为黄色，装置故障时点亮。

表2-2　　主变压器铁芯/夹件接地电流注意值与报警值

序号	名称		设定值（mA）
1	铁芯接地电流	注意值	300
		报警值	1000
2	夹件接地电流	注意值	300
		报警值	1000

2.2 1000kV变压器运行维护

2.2.1 运行规定

（1）运行中应密切注意变压器套管油位的变化，如果发现油位过高或过低，应及时查明原因和处理。特高压变压器的套管油位观察口位置较高，不便于日常的巡视检查。套管处的击穿往往是极具破坏性的，如长时间缺油导致导电杆暴露在空气中，将给特高压变压器运行带来极大的危害，应密切关注套管油位变化。

（2）特高压变压器在正常运行时，本体及有载调压开关重瓦斯保护、轻瓦斯保护应投跳闸，其他非电量保护投信号。特高压变压器与 500kV 及以下变压器不同之处为轻瓦斯也投跳闸。2019 年，某特高压站轻瓦斯频繁动作，但未跳闸，造成故障叠加起火，给电网带来人身、设备、电网损失。轻瓦斯能够提前反应特高压变压器内部的细微故障，轻瓦斯投入跳闸，能够保证人身、设备、电网安全。

（3）正常运行情况下，变压器冷却装置应按温度或负荷情况自动投切。冷却器的自动切换装置和备用电源切换装置应保持正常。部分厂商特高压变压器冷却装置采用 PCL 控制，当冷却系统故障切除全部冷却器时，允许带额定负荷运行 20min。如 20min 后顶层油温尚未达到 75℃，则允许上升到 75℃，但这种情况下的最长运行时间不得超过 1h。强油循环结构的潜油泵启动应逐台启用，延时间隔应在 30s 以上，以防止气体继电器误动。

（4）带电前应排尽套管升高座、散热器及净油器等上部的残留空气。对强油循环变压器，应开启油泵，使油循环一定时间后将气排尽。开泵时变压器各侧绕组均应接地，防止油流静电危及操作人员和设备的安全。

2.2.2　巡视规定

2.2.2.1　例行巡视项目

（1）本体及套管。

1）运行监控信号、灯光指示、运行数据等均应正常。

2）各部位无渗油、漏油。

3）套管油位正常，套管外部无破损裂纹、严重油污、放电痕迹，防污闪涂料无起皮、脱落等异常现象。

4）套管末屏无异常声音，接地引线固定良好，套管均压环无开裂歪斜。

5）变压器声响均匀、正常。

6）引线接头、电缆应无发热迹象。

7）外壳及箱沿应无异常发热，引线无散股、断股。

8）变压器外壳、铁芯和夹件接地良好。

9）接头及引线绝缘护套良好。

（2）分接开关。

1）分接挡位指示与监控系统一致。三相分体式变压器分接挡位三相应置于相同挡位，且与监控系统一致。

2）机构箱电源指示正常，密封良好，加热、驱潮等装置运行正常。

3）分接开关的油位、油色应正常。

4）在线滤油装置工作方式设置正确，电源、压力表指示正常。

5）在线滤油装置无渗漏油。

（3）冷却系统。

1）各冷却器（散热器）的风扇、油泵、水泵运转正常，油流继电器工作正常。

2）冷却系统及连接管道无渗漏油，特别注意冷却器潜油泵负压区出现渗漏油。

3）冷却装置控制箱电源投切方式指示正常。

4）水冷却器压差继电器、压力表、温度表、流量表的指示正常，指针无抖动现象。

5）冷却塔外观完好，运行参数正常，各部件无锈蚀、管道无渗漏、阀门开启正确、电机运转正常。

（4）非电量保护装置。

1）温度计外观完好、指示正常，表盘密封良好，无进水、凝露，温度指示正常。

2）压力释放阀、安全气道及防爆膜应完好无损。

3）气体继电器内应无气体。

4）气体继电器、油流速动继电器、温度计防雨措施完好。

（5）储油柜。

1）本体及有载调压开关储油柜的油位应与制造厂提供的油温、油位曲线相对应。

2）本体及有载调压开关吸湿器呼吸正常，外观完好，吸湿剂符合要求，油封油位正常。

（6）其他。

1）各控制箱、端子箱和机构箱应密封良好，加热、驱潮等装置运行正常。

2）变压器室通风设备应完好，温度正常。门窗、照明完好，房屋无漏水。

3）电缆穿管端部封堵严密。

4）各种标志应齐全明显。

5）原存在的设备缺陷是否有发展。

6）变压器导线、接头、母线上无异物。

2.2.2.2　全面巡视项目

全面巡视在例行巡视的基础上增加以下项目：

（1）消防设施应齐全完好。

（2）储油池和排油设施应保持良好状态。

（3）各部位的接地应完好。

（4）冷却系统各信号正确。

（5）在线监测装置应保持良好状态。

（6）抄录主变压器油温及油位。

2.2.2.3　熄灯巡视项目

（1）引线、接头、套管末屏无放电、发红迹象。

（2）套管无闪络、放电。

2.2.2.4　特殊巡视项目

（1）新投入或经过大修的变压器巡视。

1）各部件无渗漏油。

2）声音应正常，无不均匀声响或放电声。

3）油位变化应正常，应随温度的增加合理上升，并符合变压器的油温曲线。

4）冷却装置运行良好，每一组冷却器温度应无明显差异。

5）油温变化应正常，变压器带负荷后，油温应符合厂家要求。

（2）异常天气时的巡视。

1）气温骤变时，检查储油柜油位和瓷套管油位是否有明显变化，各侧连接引线是否受力，是否存在断股或者接头部位、部件发热现象，各密封部位、部件有否渗漏油现象。

2）浓雾、小雨、雾霾天气时，瓷套管有无沿表面闪络和放电，各接头部位、部件在小雨中不应有水蒸气上升现象。

3）下雪天气时，应根据接头部位积雪融化迹象检查是否发热。检查导引线积雪累积厚度情况，为了防止套管因积雪过多受力引发套管破裂和渗漏油等，应及时清除导引线上的积雪和形成的冰柱。

4）高温天气时，应特别检查油温、油位、油色和冷却器运行是否正常。必要时，可以启动备用冷却器。

5）大风、雷雨、冰雹天气过后，检查导引线摆动幅度及有无断股迹象，设备上有无飘落积存杂物，瓷套管有无放电痕迹及破裂现象。

6）覆冰天气时，观察外绝缘的覆冰厚度及冰凌桥接程度，覆冰厚度不超10mm，冰凌桥接长度不宜超过干弧距离的1/3，放电不超过第二伞裙，不出现中部伞裙放电现象。

（3）过载时的巡视。

1）定时检查并记录负载电流，检查并记录油温和油位的变化。

2）检查变压器声音是否正常，接头是否发热，冷却装置投入数量是否足够。

3）防爆膜、压力释放阀是否动作。

（4）故障跳闸后的巡视。

1）检查现场一次设备（特别是保护范围内设备）有无着火、爆炸、喷油、放电痕迹、导线断线、短路、小动物爬入等情况。

2）检查保护及自动装置（包括气体继电器和压力释放阀）的动作情况。

3）检查各侧断路器运行状态（位置、压力、油位）。

2.2.3 操作注意事项

（1）新安装、大修后的变压器投入运行前，应在额定电压下做空载全电压冲击合闸试验。加压前应将变压器全部保护投入。新变压器冲击5次，大修后的变压器冲击3次，第一次送电后运行时间10min，停电10min后再继续第二次冲击合闸，以后每次间隔5min。1000kV变压器第一次冲击合闸后的带电运行时间不少于30min。

（2）变压器停电操作时：按照先停负荷侧、后停电源侧的操作顺序进行；变压器送电时操作顺序相反。对于三绕组降压变压器停电操作时，按照低压侧、中压侧、高压侧的操作顺序进行；变压器送电时操作顺序相反。有特殊规定者除外。

（3）110kV及以上中性点有效接地系统中投运或停运变压器的操作，中性点应先接地。投入后可按系统需要决定中性点接地是否断开。

（4）变压器中性点接地方式为经小电抗器接地时，允许变压器在中性点经小电抗器接地的情况下，进行变压器停、送电操作。在送电操作前应特别检查变压器中性点经小电抗可靠接地。

（5）变压器操作对保护、无功自动投切、各侧母线、站用电等的要求：

1）主变压器停电前，应先行调整好站用电运行方式。

2）充电前应仔细检查充电侧母线电压，保证充电后各侧电压不超过规定值。检查主变压器保护及相关保护连接片投退位置正确，无异常动作信号。

3）变压器充电后，检查变压器无异常声音，遥测、遥信指示应正常，开关位置指示及信号应正常，无异常告警信号。

2.2.4 运行维护

2.2.4.1 三相温度差过大处理

【案例】某年 8 月 14 日，监控机检查发现 2 号主变压器三相温度相差过大，相同位置的温度 A 相油温 36℃、B 相 47℃、C 相 37℃，最高与最低相差 10℃以上。

【处理方法】

（1）查阅监控机中负荷是否平衡，不平衡进一步查找原因。

（2）检查现场冷却系统是否正常，风扇是否停转、是否达到启动条件，散热片是否过于脏污。

（3）确定散热片脏污后，带电进行冲洗，观察 4～6h，温度基本恢复正常。

2.2.4.2 铁芯接地电流显示异常处理

【案例】某年 9 月 4 日，监控机显示 1 号主变压器 B 相铁芯接地电流显示 150mA，其他两相铁芯接地电流分别为 2.251、1.364mA。

【处理方法】

（1）核对测试时严禁将变压器铁芯、夹件的接地点打开。

（2）历次测试位置应相对固定的接地电流直接引下线段进行。

（3）复测结果与监控机结果吻合，确实过大。

（4）通过视频监控系统观察，发现主变压器顶上方的接地电流引下线因刮风原因有物体搭接。

（5）用绝缘杆脱离搭接部分，接地电流恢复正常值。铁芯夹件测试见图 2－15。

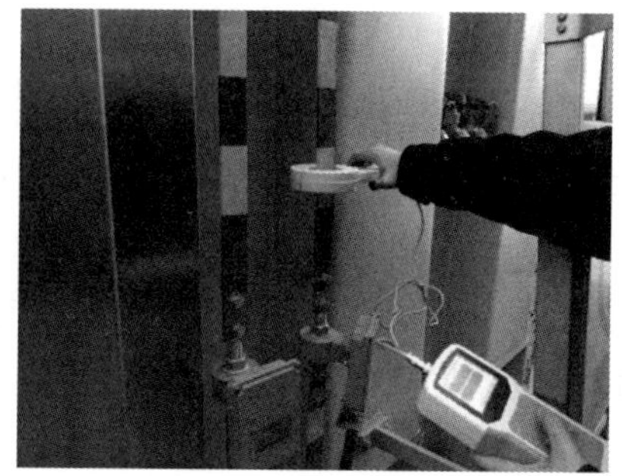

图 2－15　铁芯夹件测试

2.2.4.3　单相冷却器油流故障处理

【案例】某年 9 月 4 日，某特高压站监控机报“2 号主变压器 C 相冷却器油流故障动作”，对应光字亮。

【处理方法】

（1）先到现场检查油流指示器是否指示正确，发现 2 号主变压器 C 相 8 组冷却器油流指示器均正确动作，可判定 2 号主变压器 C 相风冷油流控制及信号回路故障（见图 2－16）。

图 2－16　检查油流指示器是否指示正确

（2）风扇正常工作时，第一组风扇油流指示器正常，动合触点闭合，动断触点打开，如果动断触点故障未打开，会误发“冷却器油流故障”信号。

（3）当时间继电器故障动作后，信号回路中时间继电器触点闭合，会误发“冷却器油流故障”信号。

（4）回路检查完毕后，更换故障元件。

（5）处理过程中，防止勿碰勿动二次线路。

2.3　变压器油中溶解气体检测

2.3.1　周期要求

（1）依据《1000kV 交流电气设备预防性试验规程》（Q/GDW 322—2009）中的 5.1，1000kV 主变压器油中溶解气体分析周期：1 个月 1 次；对新装、大修、更换绕组后增加第 1、2、3、4、7、10、30 天。

（2）依据《变压器油中溶解气体分析和判断导则》（DL/T 722—2014）：① 新的或者大修后的 66kV 及以上的变压器至少应在投运后 1、4、10、30 天各做一次检测；② 运行中电压 66kV 及以上的变压器检测周期为 1 年。

2.3.2　取油流程

（1）记录设备区环境温度和相对湿度，做好标识等取油准备。

（2）打开取油口处的通开锁，拧开防尘帽，用纱布擦拭取油口，将软管连接到取油口，从下部取油，放出死油后再取油样（主变压器 500mL）。

（3）用油清洗注射器芯，软管连接注射器，靠油压力注入 30mL 的油，清洗针筒，上下往复拉动，重复 2 次。

（4）靠油压力注入 50～100mL 的油，不得混入空气，用胶帽塞住注射器头。

（5）取完油后用纱布擦拭取油口，将防尘帽盖紧，阀门上锁。

2.3.3　试验流程

（1）打开振荡仪电源，依次打开氩气钢瓶总阀、减压阀（出口压力约为 0.6MPa）、H_2 发生器电源（出口压力约 0.3MPa）、Air 发生器（出口压力约 0.4MPa）、色谱主机电源升温。

（2）打开油色谱分析软件，进行基线调零（约 30min）。

（3）将油样推至 40mL，氩气清洗注射器 A 2 次。

（4）用注射器 A 取出 13mL（根据油品可适当增减）高纯氩气缓慢注入 40mL 油样中，倾斜角度 30°～60°。

（5）拧紧胶帽，将油样放入振荡仪中固定好，注射器头在下，在 50℃下振荡

20min，静止 10min 后保持恒温。

（6）“标样测定”，打开标气瓶阀门，拧开胶垫帽，冲洗减压阀，再拧紧胶垫帽，关闭标气瓶阀门，用 1mL 注射器 C 取标气进行试验。

（7）将 5mL 注射器 B 用试油冲洗 1～2 次，吸入约 0.5mL 试油，戴上胶帽，插入双头针，双头针垂直向上，将注射器内的空气和试油慢慢排出从而使试油充满注射器的缝隙而不致残存空气。

（8）用微正压法将油样中的气体通过双头针把气体全部转移至 5mL 注射器 B，室温下放置 2min，读取其体积。

（9）点“样品条件”，选择要试验的设备，测定对象选择含气量。点“样品分析”，然后在样品测定中输入该设备的脱气量，点确定。

（10）将 1mL 注射器 C 用氩气清洗 2～3 次（若上一支油样含乙炔或者做过标气，需在空气中抽拉 30 次，再用氩气清洗 2～3 次）。

（11）用样针取出 1.0mL 样品气注入色谱仪的进样口进行分析，需要两针测试，每进完一针立即按 ENTER 键开始检测。12min 后工作站右侧自动弹出结果。

（12）试验完毕后反顺序关机、清洗工器具。

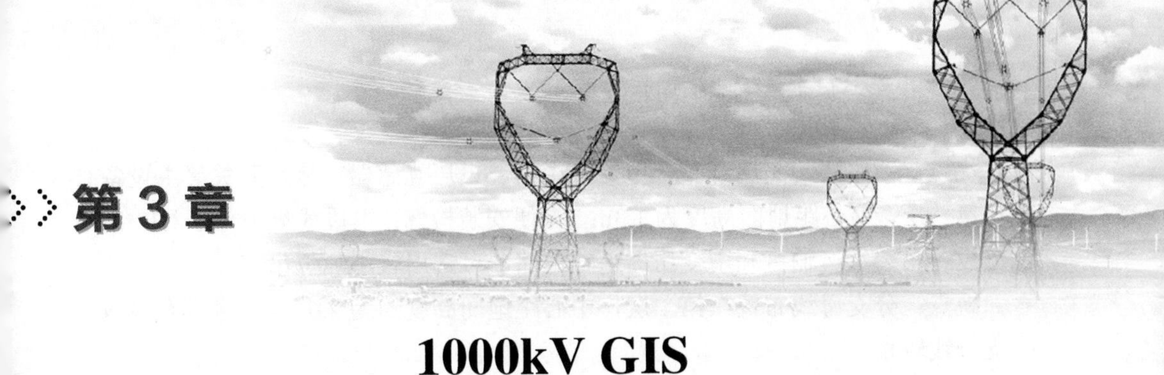

第3章 1000kV GIS

3.1 1000kV GIS 结构特点

特高压变电站 1000kV GIS 主要元件包括断路器、隔离开关、接地开关、快速接地开关、电流互感器、电压互感器、母线、进出线套管、集装式就地控制柜（就地控制室）。

3.1.1 1000kV GIS 总体布置

特高压变电站 1000kV 设备多采用 GIS 设备，早期部分工程采用敞开式设备。特高压变电站 1000kV GIS 采用 3/2 断路器接线，一字形布置，即断路器平行于主母线布置，母线集中外置方式，即主母线集中位于 GIS 的出线侧，如图 3－1、图 3－2 所示。

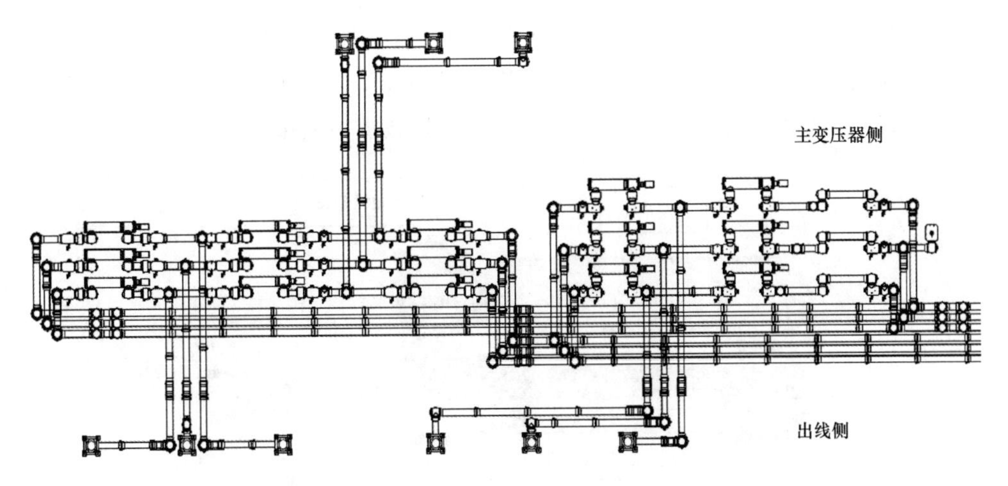

图 3－1　1000kV GIS 母线集中外置平面图

优点：断路器、隔离开关、电流互感器、电压互感器、接地开关等主设备布置在第一层，中心距地面高度为1.3m，方便安装检修；主母线集中位于GIS出线侧，设备吊装及运输可利用变压器运输道路，可选用较小吨位吊车。

缺点：分支母线布置在第二层，中心距地面高度约为2.6m，与主母线交叉，分支母线较长。

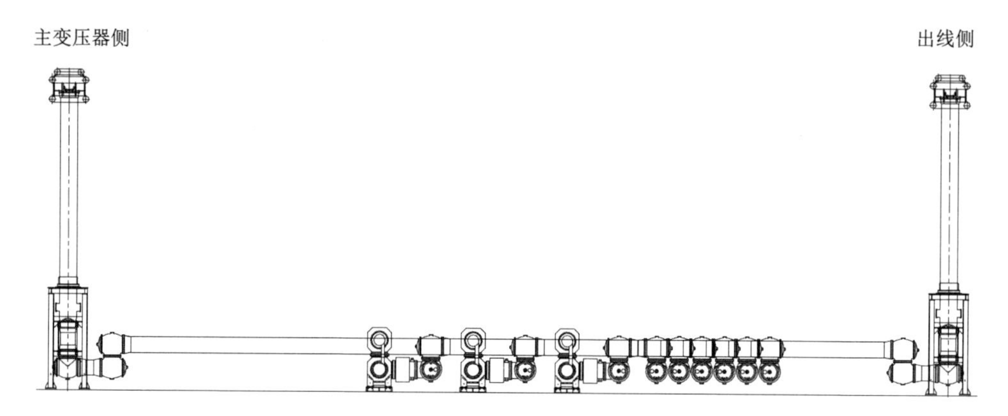

图3－2　1000kV GIS母线集中外置断面图

3.1.2 断路器

1000kV GIS的断路器由灭弧室、合闸电阻、电阻开关、操动机构、传动连接组成，如图3－3所示。灭弧室与合闸电阻布置方式有水平布置和垂直布置两种方式。水平布置方式占地大，纵向布置方式相对节省占地，但从近年运行经验来看，采用纵向布置方式，合闸电阻和灭弧室间盆式绝缘子为水平布置，长期运行盆式绝缘子表面易形成电荷积聚、附着金属微粒，导致放电概率增大。

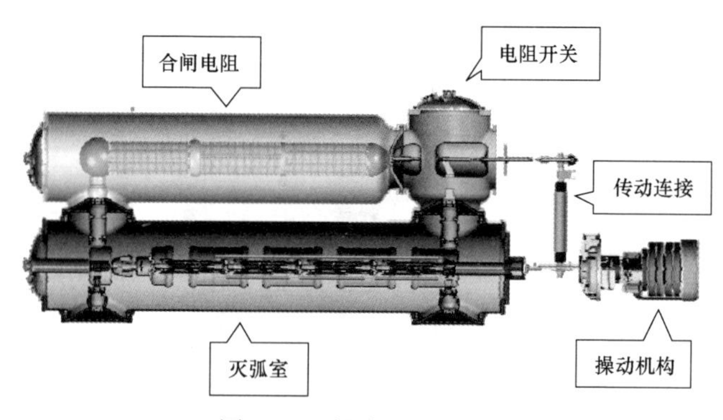

图3－3　断路器组成部件

3.1.2.1　灭弧室

1000kV GIS 设备采用多断口灭火并联均压电容灭弧原理。以四断口灭弧室为例，灭弧室由四个灭弧单元串联组成整个灭弧室。每个断口并联均压电容，承受一定电压。操作时四个灭弧单元同时动作，断路器灭弧室如图 3－4 所示，灭弧室单元结构如图 3－5 所示。

(a)

(b)

图 3－4　断路器灭弧室

（a）500kV 断路器灭弧室；（b）1000kV 断路器灭弧室

分闸时，绝缘拉杆带动灭弧单元的运动部件从合闸位置向分闸位置运动，当动主触头与静主触头分离时，电流转移到弧触头中。当弧触头分离时，在动弧触头和静弧触头间产生的电弧被由气缸运动压缩的气体通过喷口吹弧、冷却，并在下一个电流过零点被熄灭，如图 3－6 所示。

合闸时，绝缘拉杆带动灭弧单元的运动部件从分闸位置向合闸位置运动，首先动、静弧触头发生预击穿，然后动、静弧触头接触，最后动、静主触头接触，主导电回路联通。

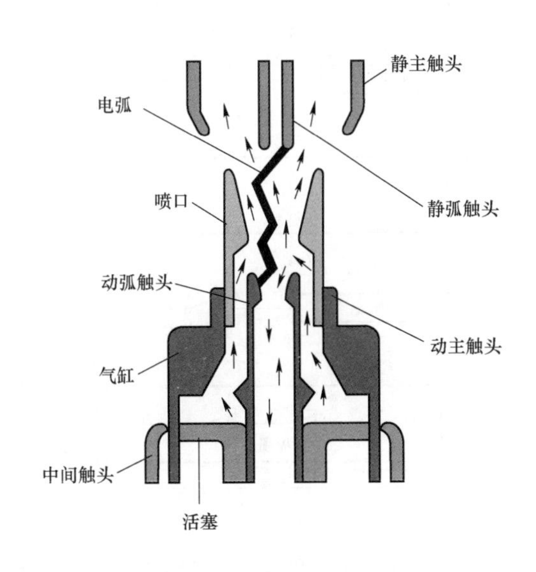

图 3－5　灭弧室单元结构图

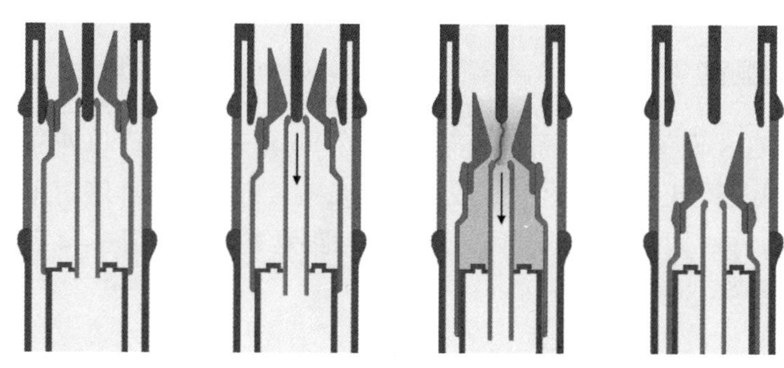

图 3－6　断路器灭弧室分闸过程

3.1.2.2　合闸电阻和电阻开关

断路器装设合闸电阻是限制合闸操作过电压的有效手段。断路器合闸时，先合上电阻开关，系统接入合闸电阻，经过 8～11ms 的预投入时间后，断路器主触头合上。合闸电阻接入系统，增加了系统的总阻抗和总电阻，因而削弱合闸过程电感和电容能量交换引起的操作过电压，断路器合闸时主断口和电阻开关动作顺序如图 3－7 所示。

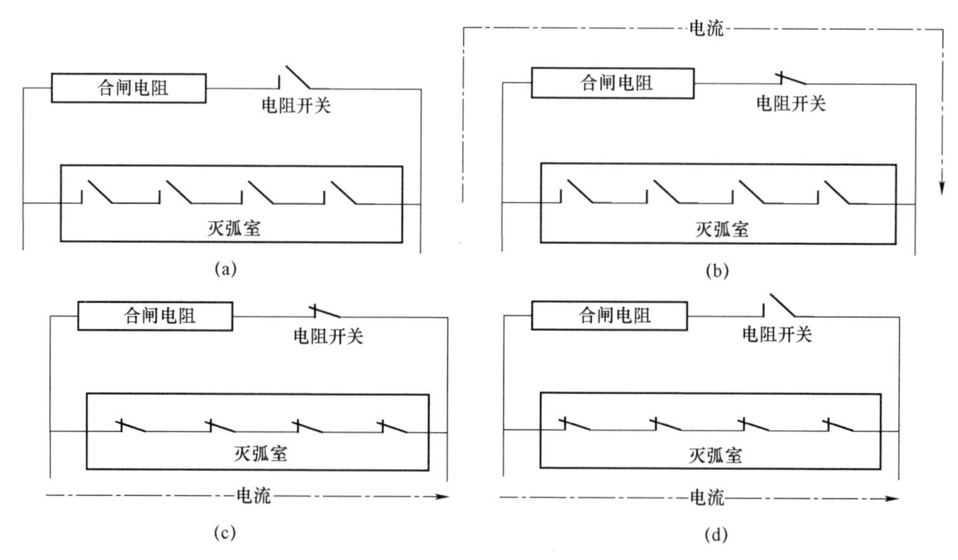

图 3－7　断路器合闸时主断口和电阻开关动作顺序

（a）分闸状态；（b）主断口打开、电阻开关闭合；

（c）主断口闭合、电阻开关闭合；（d）合闸状态合闸电阻安装在独立的壳体内，由三节电阻单元串联组成，每个电阻单元用弹簧来压紧及补偿热胀冷缩，电阻单元每层通过散热片将5个电阻片并联，该散热片兼作电阻体的绝缘屏蔽（见图3－8）。

(a)

(b)

图3－8 合闸电阻

（a）一节电阻单元；（b）三节电阻单元串联

合闸电阻用一个绝缘支撑筒和两侧盆式绝缘子上的触头支撑以承载质量，电阻体一端通过通气的盆式绝缘子与合闸电阻开关连接，另一端不通气的盆式绝缘子与灭弧室连接（见图3－9）。

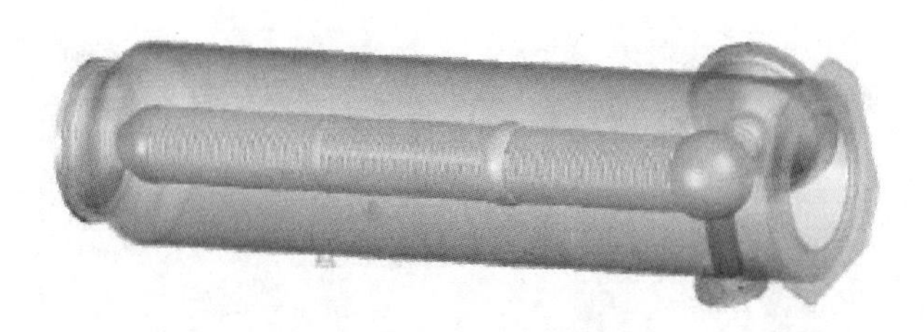

图3－9 合闸电阻绝缘支持结构

合闸电阻开关处于独立壳体内，具有“合后即分”的动作特点。断路器合闸时，操动机构通过传动机构由凸轮推动合闸电阻开关，电阻开关的绝缘拉杆带动动触头做直线运动，进行合闸。电阻开关静侧的电阻触头系统设有阻尼弹簧，该弹簧作为合闸时的缓冲元件，在合闸时是被压缩的。断路器主断口合闸后，凸轮与绝缘拉杆脱离，合闸电阻动触头在阻尼弹簧作用下分闸。断路器分闸过程中，电阻开关不动作（见图3－10）。

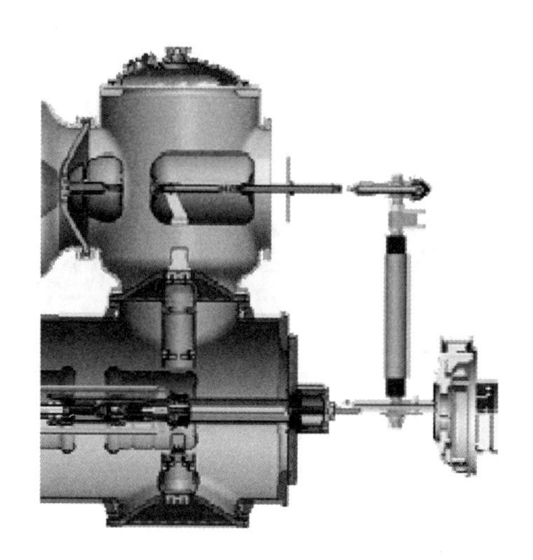

图 3－10　电阻开关动作断面图

3.1.2.3　操动机构

1000kV GIS 断路器操动机构多采用液压碟簧方式。碟簧储能，能量平稳，使用寿命长，不受环境温度影响；液压系统只起传动作用，无需承载储能压力，无任何外露和内部油管，漏油概率小；模块化设计。液压碟簧操动机构如图 3－11 所示。

(a)

(b)

图 3－11　液压碟簧操动机构

（a）安装位置图；（b）部件示意图

液压碟簧操动机构由储能模块、监测模块、控制模块、充压模块、工作模块5个相对独立的模块构成，如图3-12所示。

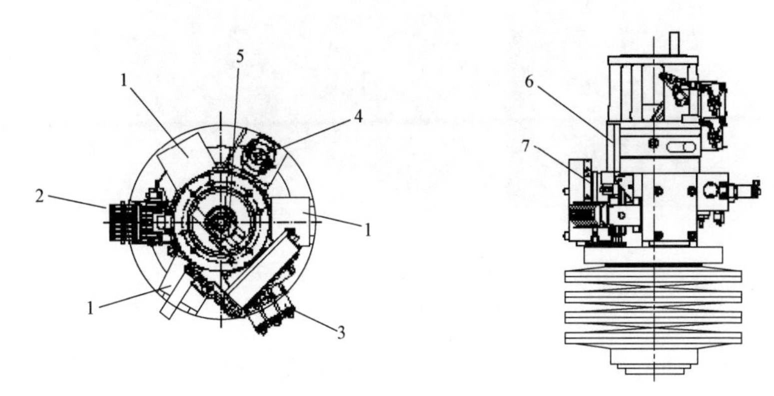

图3-12　液压碟簧操动机构结构

1—储能模块；2—监测模块；3—控制模块；4—充压模块；5—工作模块；6—高压阀操作手柄；7—弹簧储能位置指示器

液压碟簧操动机构各模块功能：储能模块是将油泵输送的高压油储存起来，以备分合闸动作用。监测模块是通过监测碟簧的储能位移来监测油压及油量的变化，并发出相应的控制指令。控制模块包括电磁阀及换向阀等，控制工作缸的分、合闸动作，并可通过节流阀的调整来控制断路器的分合闸速度。充压模块包括储能电机、液压泵、传动齿轮、排油阀等。储能电动机为短时工作制，不适用于连续操作。工作模块主要为工作缸，采用常充压差动式结构，高压油恒作用于有杆侧，液压碟簧操动机构各模块如图3-13所示。

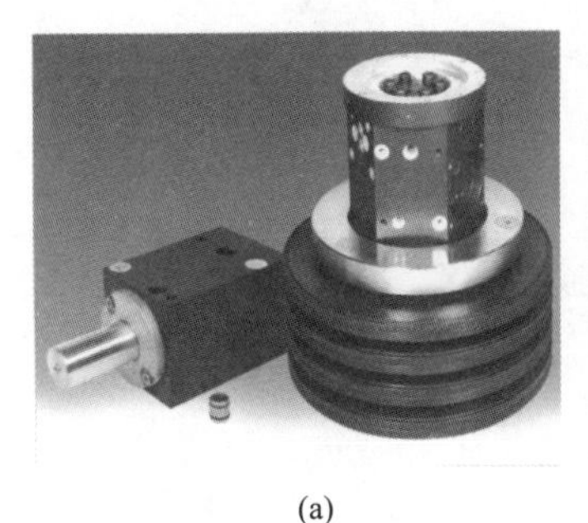

(a)

(b)

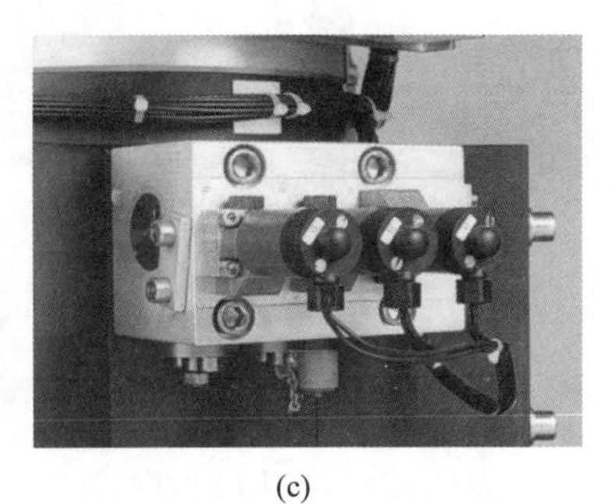

(c)

图3-13　液压碟簧操动机构各模块（一）

（a）储能模块；（b）监测模块；（c）控制模块

(d)

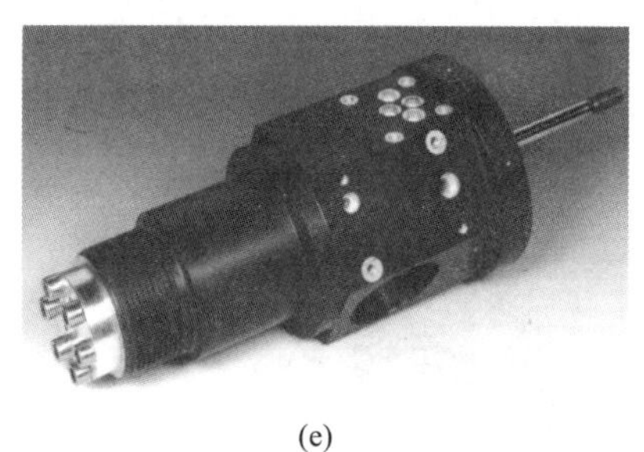

(e)

图 3－13　液压碟簧操动机构各模块（二）

（d）充压模块；（e）工作模块

液压碟簧操动机构工作原理：断路器分闸位置且碟簧已储能，换向阀将油缸下端高压通道封闭、低压回油通道接通；断路器合闸位置且碟簧已储能，换向阀在电磁阀作用下换向将油缸下端高压通道接通、低压回油通道封闭，油缸上下端均为高压油。由于活塞截面差产生了压力差，在压力差的作用下，油缸活塞使断路器可靠地保持在合闸位置。因为分、合闸过程消耗能量，所以每次动作油泵都要重新启动补充能量。液压碟簧操动机构工作原理如图 3－14 所示。

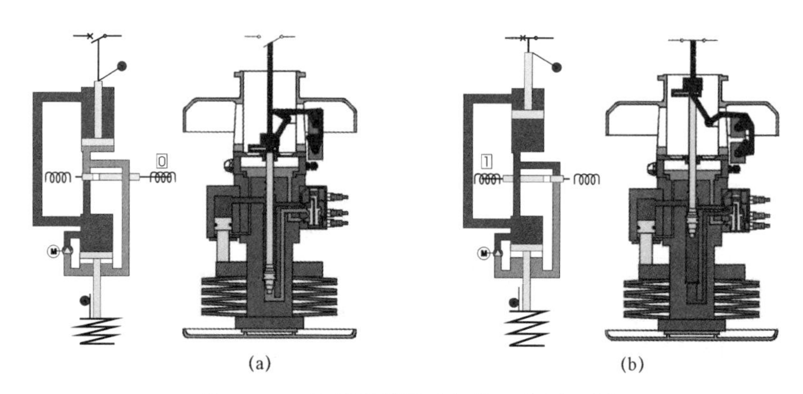

(a)　　(b)

图 3－14　液压碟簧操动机构工作原理图

（a）分闸位置；（b）合闸位置

高压油路　低压油路

液压碟簧操动机构防慢分原理：断路器在机构失压时，传动件自身质量或 SF_6 气体会产生向分闸方向的运动力，与碟簧运动相关的连杆、拐臂组成的防慢分装置来支撑这种运动力，使断路器可靠地维持在合闸位置。液压碟簧操动机构防慢分原理如图 3－15 所示。

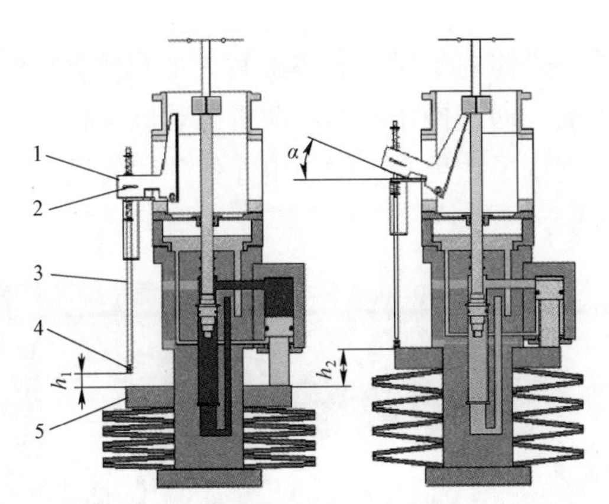

图 3－15　液压碟簧操动机构防慢分原理图

1—二次臂；2—弹性插销；3—连杆；4—调整螺栓；5—支撑环

液压碟簧操动机构慢分、慢合操作步骤：① 切记应先将图 3－15 中的合闸位置闭锁弹性插销 2 拔出，试验完后随即装上；② 断开电机的控制开关，用泄压阀释放系统油压，将系统油压释放为零，随即关闭泄压阀；③ 合上控制开关接通油泵电机，待油泵运转 1～2s 时，手按合闸（运动开始即可松开）或分闸电磁铁推杆进行慢合（或慢分）运动。

3.1.3　隔离开关和接地开关

1000kV GIS 隔离开关相比于 500kV GIS 用隔离开关面临的最主要问题是特快速瞬态过电压（very fast transient over voltage，VFTO），VFTO 是由于隔离开关分合闸速度较慢，在分合闸过程中发生多次重燃而产生的过电压。由于电压等级越高，设备雷电冲击耐受电压与设备额定电压比值越低，因此 1000kV GIS 的 VFTO 问题较 500kV GIS 更为突出。在设计时，如果 VFTO 计算值低于雷电冲击耐受电压并留有一定裕度时，则不需要设置并联电阻，此时 1000kV GIS 用隔离开关与 500kV GIS 用隔离开关相比主要区别在于触头速度更快；若裕度不足或 VFTO 计算值高于雷电冲击耐受电压应设置并联电阻以限制 VFTO。

3.1.3.1　隔离开关

隔离开关按功能分为普通隔离开关和快速隔离开关两种。普通隔离开关主要用于在线路无电流时切合和隔离电路。快速隔离开关除具有普通隔离开关的特性外，还具有开合母线转换电流的能力。

隔离开关多采用直角型，配用电动机构，单相操作，三相间无传动装置。

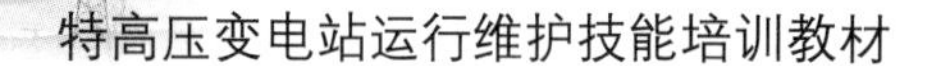

直角型隔离开关，壳体为T型，壳体上有3个同样直径的连接法兰，一个连接法兰用来装配端盖板，通过操作轴与电动机操动机构相连接；另外两个连接法兰装配不通气的盆式绝缘子，用来支撑导电元件并和邻近的单元相连。直角型隔离开关如图3－16所示。

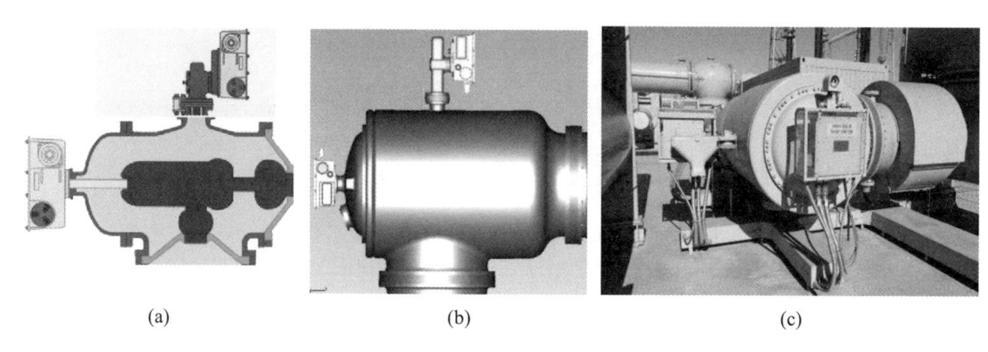

(a) (b) (c)

图3－16　直角型隔离开关

（a）内部构造图；（b）结构图；（c）现场实物图

某特高压站1000kV GIS第四串隔离开关采用直线型结构，为特高压工程首次采用。直线型隔离开关如图3－17所示。

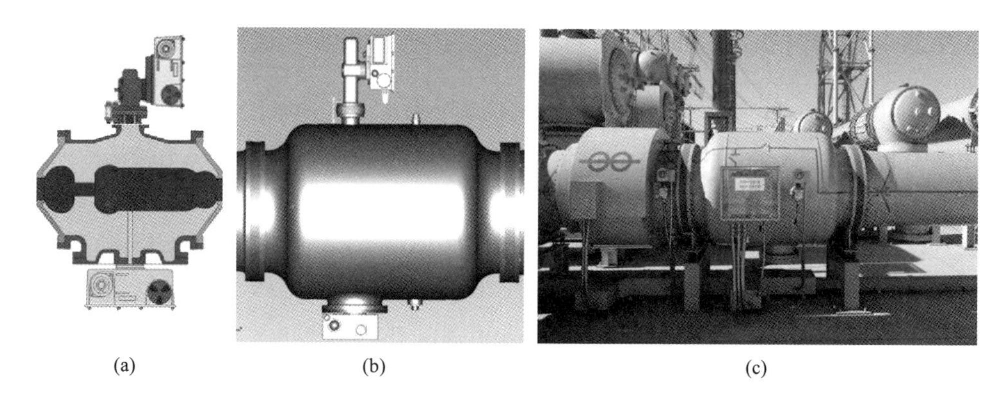

(a) (b) (c)

图3－17　直线型隔离开关

（a）内部构造图；（b）结构图；（c）现场实物图

3.1.3.2　接地开关

接地开关按功能分为检修接地和快速接地两种。检修接地开关主要用于工作维护接地，合闸后使不带电的主回路可靠接地，确保主回路的人身安全，配备电动操动机构。快速接地开关除具有普通接地开关的特性外，主要用于变电站的进线端，具有关合线路短路电流和切合线路感应电流的能力，配备弹簧操动机构。

接地开关装在壳体中的动触头通过密封轴、拐臂与连接机构相连，输出轴采用转动密封。操动机构的扇形齿轮的旋转运动通过操作轴、导向件和回转板带动触头直线运动，从而进行分合闸操作。当接地开关在合闸位置时，其接地通路是静触头、动触头、触头座、壳体、接地支撑及接地母线。接地开关壳体与 GIS 壳体之间具有绝缘隔板，拆开接地母线后，接地开关与接地系统绝缘，可用于主回路电阻的测量，或者作为断路器、隔离开关机械特性测量时触头接触信号的检测端。接地开关如图 3－18 所示。

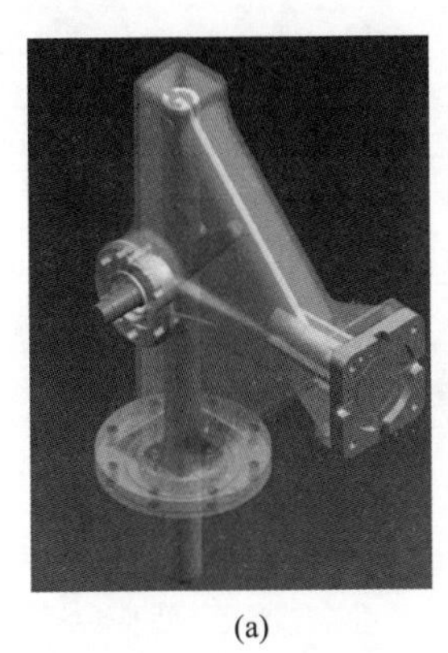
(a)

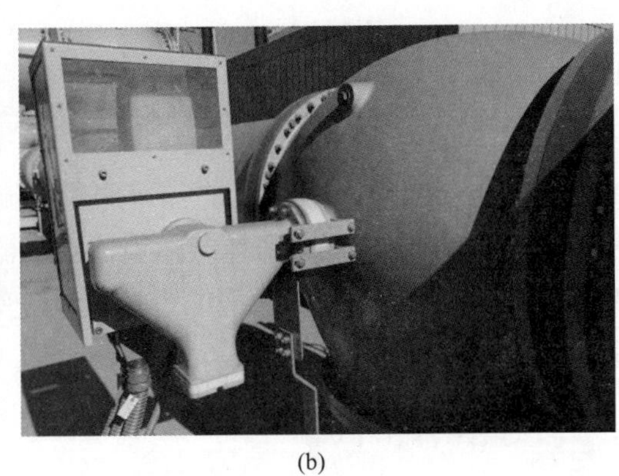
(b)

图 3－18　接地开关
（a）结构图；（b）现场实物图

3.1.4　互感器

3.1.4.1　电流互感器（TA）

电流互感器分为内置式和外置式两种结构，内置式电流互感器的二次绕组安装在 GIS 壳体内部；外置式电流互感器的二次绕组安装在 GIS 壳体外部，直接与空气接触。每台电流互感器可装 4～5 个二次绕组：2 个 TPY 级绕组具有良好的抗饱和性能，用于线路保护、母线保护和主变压器保护；1 个 5P 级绕组用于断路器保护；1 个 0.2 级绕组用于测量装置；1 个 0.2S 级绕组用于计量装置。

外置式电流互感器一次绕组为导电杆，即一次绕组仅有一匝，TPY 级和 5P 级二次绕组设置 2 个抽头，0.2 级和 0.2S 级二次绕组设置 3 个抽头。由于外置电流互感器的二次绕组与空气直接接触，因此二次绕组的防雨、除潮措施是极为重要的。外置式电流互感器如图 3－19 所示。

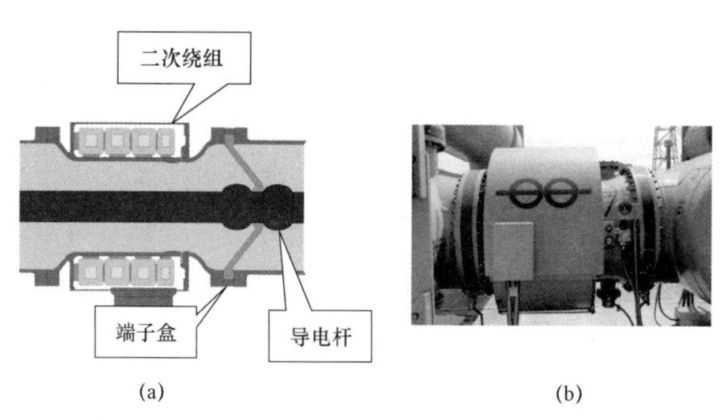

(a)　　(b)

图 3－19　外置式电流互感器

（a）结构图；（b）现场实物图

1000kV GIS 用电流互感器与低电压等级用电流互感器相比，主要区别在于二次绕组传递过电压的防护。低电压等级用电流互感器一般二次绝缘按照 3kV 设计，而 1000kV GIS 用电流互感器二次绕组短时工频耐受电压绝缘设计按 10kV 考虑，绕组开路绝缘设计也按 10kV（峰值）考虑。

3.1.4.2　电压互感器（TV）

1000kV GIS 采用电磁式电压互感器，单相配置，用于同期合闸和测量。考虑到电压互感器额定绝缘水平与 GIS 其他设备相同，在耐压试验或运行中不需要与 1000kV 母线断开，故未在电压互感器与母线之间设置隔离开关，仅设置一个隔离气室。电磁式电压互感器如图 3－20 所示。

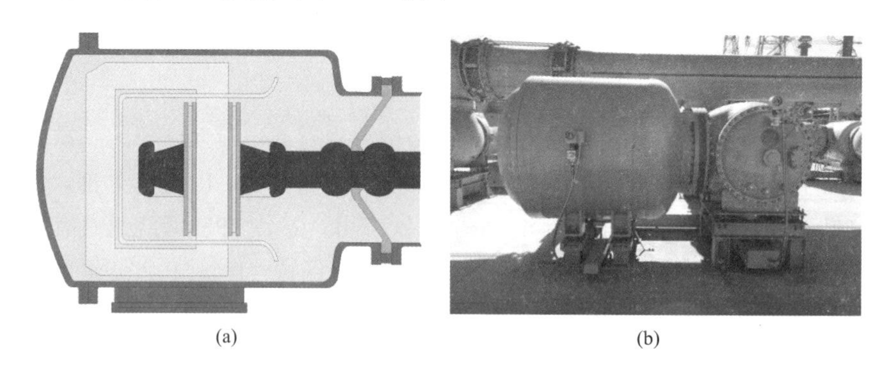

(a)　　(b)

图 3－20　电磁式电压互感器

（a）结构图；（b）现场实物图

3.1.5　母线和伸缩节

1000kV GIS 设备采用三相分箱母线，设计通流能力为 8000A。母线两侧装设隔离盆式绝缘子（不通气）或支持盆式绝缘子（通气），盆式绝缘子上装有触头，导体插接到两侧触头上依靠两侧盆式绝缘子支撑，中间不设置支柱绝缘子（见图 3－21～图 3－23）。

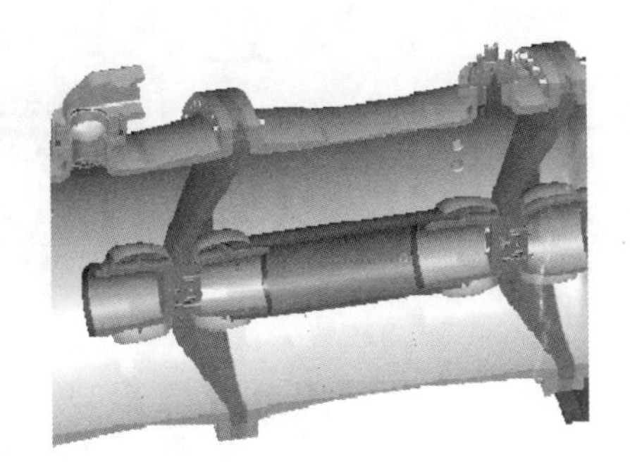

图 3－21　1000kV 母线结构

主母线需要与分支母线、跨接母线相连时，可采用母线接头，实现拐弯、过渡、分支功能。母线接头有 T 形联接、L 形联接、I

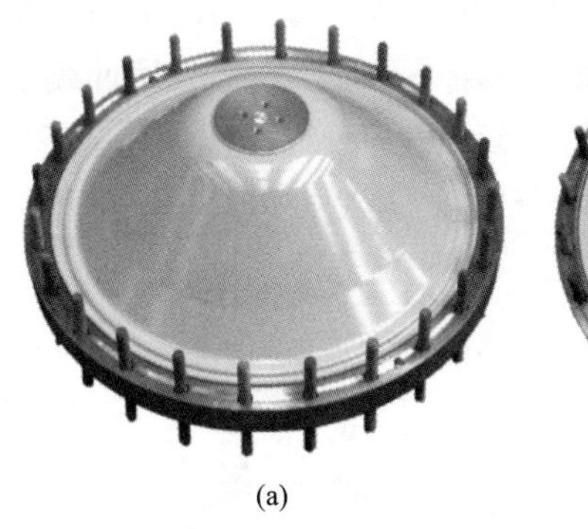

(a)

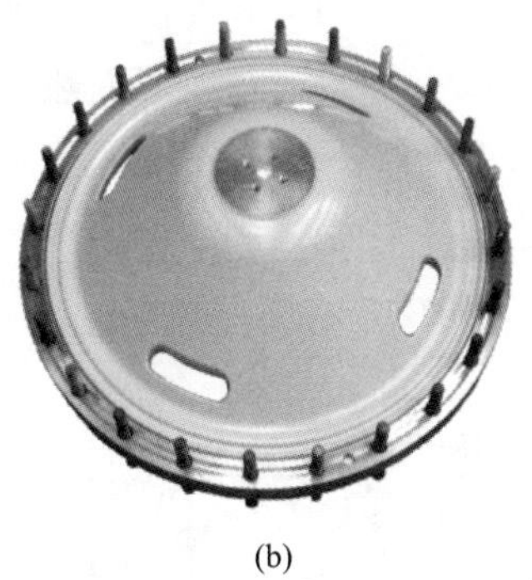

(b)

图 3－22　盆式绝缘子

（a）隔离盆式绝缘子；（b）支持盆式绝缘子

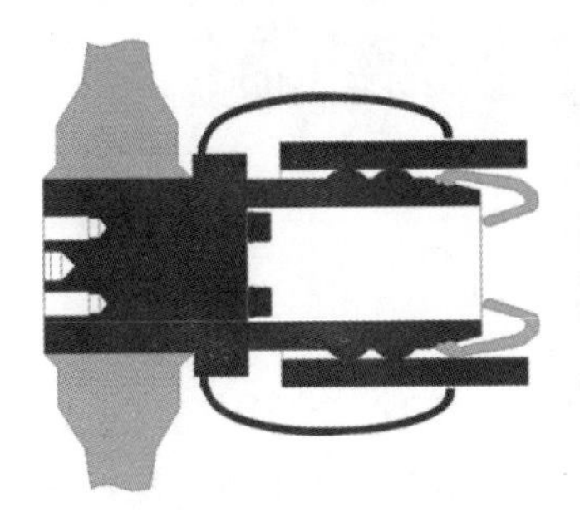

图 3－23　母线触头系统

形联接，三种联接方式可以适应于不同的盆式朝向、不同的布置形式，应用于各种需要导体拐弯的场合。母线接头如图 3－24 所示。

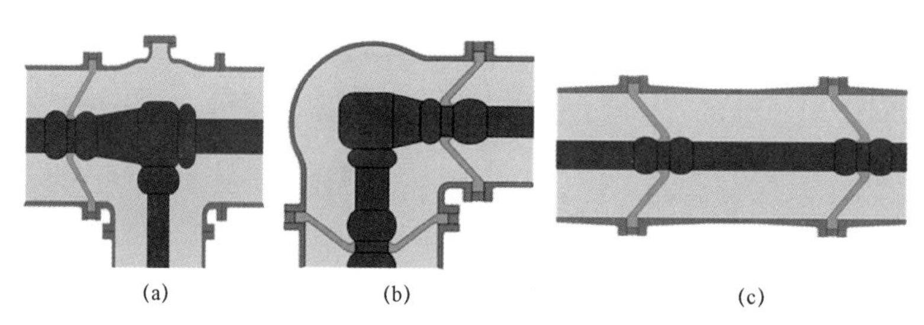

(a) (b) (c)

图 3－24 母线接头

（a）T 形联接；（b）L 形联接；（c）I 形联接

与 500kV 及以下 GIS 相比，1000kV GIS 的体积大，母线长度在 200m 以上，某特高压站 1000kV GIS 母线长度达到 400 余米。为了应对混凝土基础之间可能发生相对位移或不均匀沉降，消除热胀冷缩不利影响，需设置伸缩节。

1000kV GIS 母线采用了摆角型伸缩节，它与母线壳体轴向呈垂直布置，可在轴向上摆动±3°，特别适用于吸收长母线的冷热变形以及安装的误差。摆角型伸缩节如图 3－25 所示。

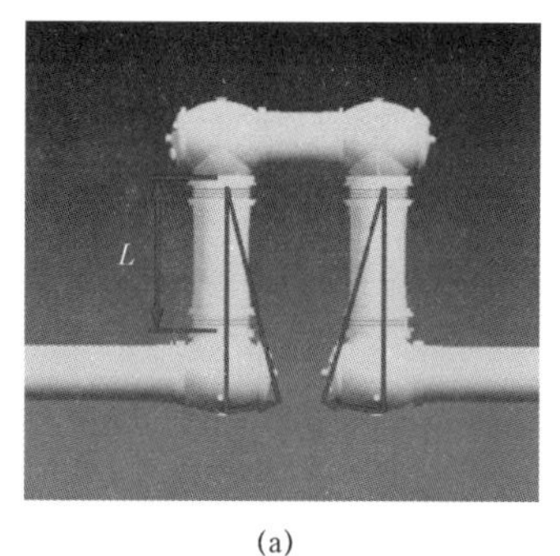

(a) (b)

图 3－25 摆角型伸缩节

（a）结构图；（b）现场实物图

为了适应伸缩节补偿伸缩位移，设备支架与设备外壳之间不全是固定连接，是为了限制母线沿水平、垂直方向的位移，同时对母线沿轴向位移起到支撑导向的作用。1000kV GIS 在分支母线接头、主母线、分支母线处设置了部分滑动支撑，设备安装在滑块上，可以沿轴向运动，滑动支持照片如图 3－26 所示。

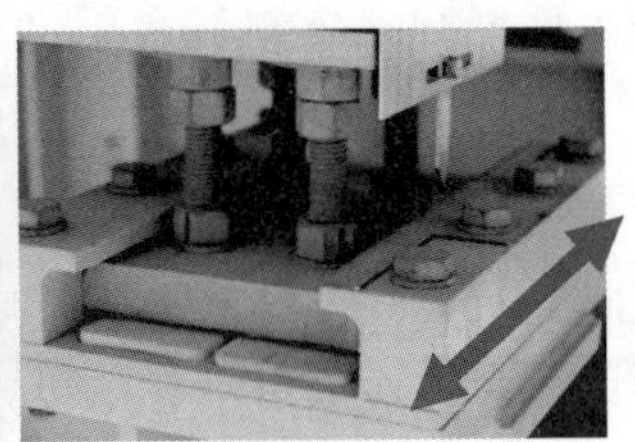

图 3－26　滑动支持照片

3.1.6　复合套管

根据空心绝缘子材质，GIS 用套管可分为瓷质套管和复合套管。一般在重污秽区使用抗污闪性能更好的复合套管。

复合套管主要材料为硅橡胶，与瓷质套管比较，质量轻、抗震性能好、价格低、制造周期短、憎水性和憎水迁移性好、抗污闪能力强、不需喷涂 PRTV，但长期运行寿命有待验证。

3.1.7　集装式就地控制柜

为保障就地控制屏柜运行环境，1000kV GIS 设备就地控制屏柜一般配置有集装式就地控制柜（简称就地控制室），双层结构设计，外层采用瓦楞形钢板，具有防电磁干扰性能，同时表面进行了防腐、防锈处理；内层材质采用岩棉保温材料及铝塑板加工而成，具有隔热、保温和防太阳辐射功能。集装式就地控制柜如图 3－27 所示。

图 3－27　集装式就地控制柜

每个完整串配置两个就地控制室，室内屏柜内安装二次控制元件，实现对 GIS 的就地控制及监测。

就地控制室内还配置恒温空调用于夏季抽湿制冷，电暖器用于冬季驱潮加热，使得控制柜内二次元件处在一个相对恒定的温湿度环境下，其电气性能更加可靠。同时，只要在安装时做好柜底封堵，就能从根本上解决由于柜门关合不严、密封条老化等造成的屋外箱体进水问题，减小直流接地缺陷发生概率。就地控制室内部如图 3－28 所示。

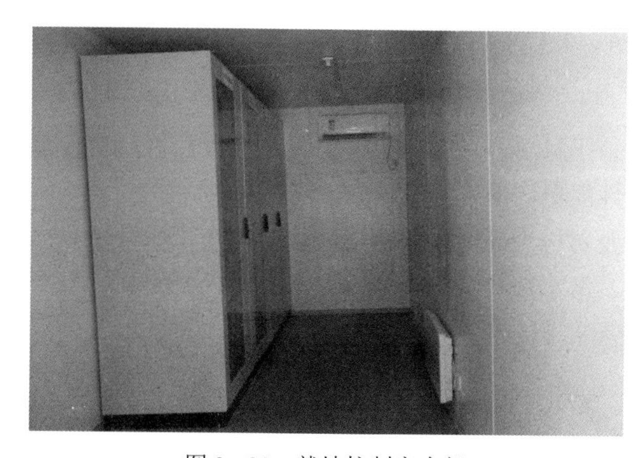

图 3－28　就地控制室内部

3.1.8　SF_6气室划分

按照元件或安装单元划分 SF_6 气室的原则，1000kV GIS 各主要元件均为独立 SF_6 气室，包括断路器灭弧室、断路器合闸电阻、隔离开关、快速接地开关、电流互感器、电压互感器、充气套管等，同时主母线、分支母线的单个 SF_6 气室容积均满足 8h 内回收完毕要求。

每个 SF_6 气室都配有吸附剂、密度继电器以及自封充气接头。吸附剂一般装在盖板内侧的吸附剂罩内，用于吸附 SF_6 气体中微量的低氟化物、酸性物质及水分等。密度继电器带有温度补偿功能，普遍装设在设备本体上，除母线气室、合闸电阻气室、套管气室等需要用管路引出至方便观察位置外，其余 SF_6 气室均取消连接管路。对于容积较大的 SF_6 气室，考虑到安装、检修需求，在壳体不同位置设置了多个自封充气接头。SF_6 表计位置如图 3－29 所示。

图 3-29　SF_6表计位置

3.1.9　设备接地

1000kV GIS 多采用三相分箱型结构，为了减小涡流损耗，需要将三相设备壳体三相短路。为此，在主母线每隔一定距离设置三相短接汇流排，并通过一点接地，母线末端三相短接后不接地；在出线套管 AB、BC 相间设置铝制管型相间汇流排；为了保证设备外壳等电位连接，在波纹管两侧壳体上跨接铜导电带（见图 3-30～图 3-32）。

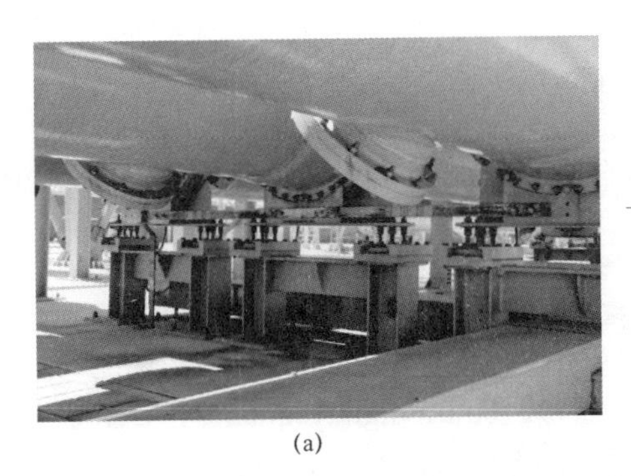

(a)

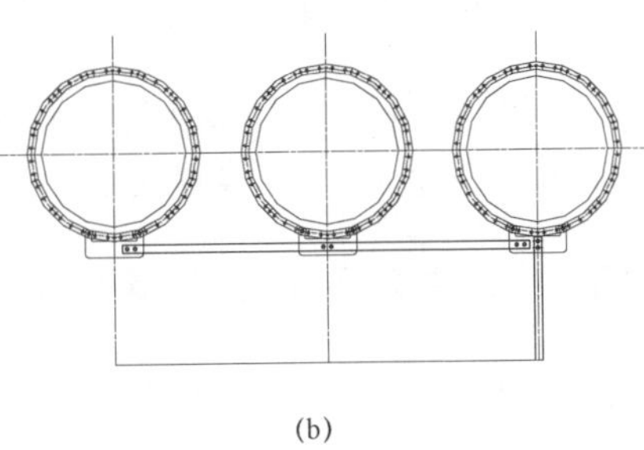

(b)

图 3-30　主母线相间导流排

（a）现场实物图；（b）结构图

图 3-31　出线套管管型相间导流排

图 3-32　波纹管跨接导电带

3.1.10　1000kV 组合电器在线监测

为了监测设备运行情况，1000kV 组合电器多配置有特高频局部放电在线监测系统和 SF_6 气体密度在线监测系统。

3.1.10.1　特高频局部放电在线监测系统

特高频局部放电在线监测系统，由特高频（ultra high frequency，UHF）传感器、噪声传感器、局部放电采集单元和后台处理系统三部分组成，局部放电在线监测系统组网示意图如图 3-33 所示。

特高频传感器安装在断路器两侧的 TA 处、分支母线和主母线处、每支套管处，接收 GIS 壳体内部局部放电辐射出的 300～3000MHz 频段的电磁波信号。传

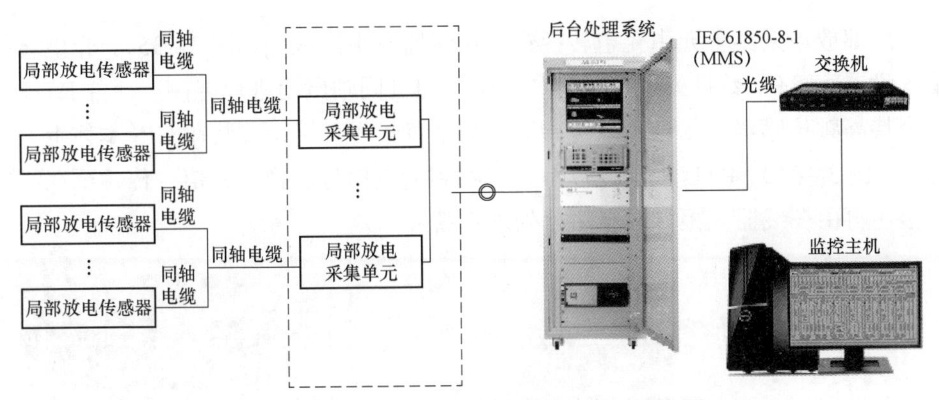

图 3－33　局部放电在线监测系统组网示意图

感器由高频同轴线传输信号，作为信号正极，高频同轴线的屏蔽层与 GIS 外壳相连，作为信号接地端。内置式特高频传感器如图 3－34 所示。

图 3－34　内置式特高频传感器

（a）外观布局；（b）部件外部构造图；（c）部件内部构造图；（d）原理图

局部放电采集单元由光电转换箱和在线监测柜组成（见图 3－35）。光电转换箱内设置有 RTU 数据处理单元，与传感器通过同轴电缆进行连接，一台 RTU 与多个特高频传感器和 1 个噪声传感器（测量背景噪声用，安装在 GIS 本体上）相连（见图 3－36）。RTU 数据处理单元将收到的电信号转换成光信号传输至在线监测柜，再由在线监测柜转送至后台处理系统。

(a)

(b)

图 3－35　局部放电采集单元

（a）光电转换箱；（b）在线监测柜

图 3－36　噪声传感器

后台处理系统由高性能工控机、显示器、键盘、鼠标、UPS 电源和交换机等设备构成。在工控机中预装局部放电分析软件，对接收到的信号与内置的数据库进行比对，若某一特高频传感器监测到的局部放电信号超标（标准一般采用固定时间内局部放电信号数量），系统就会产生局部放电报警，同时将报警信号通过 IEC 61850 通信协议上传给监控系统。用户可以在后台工作站查看实时图谱和历史事件记录。特高频在线监测后台屏柜如图 3－37 所示。

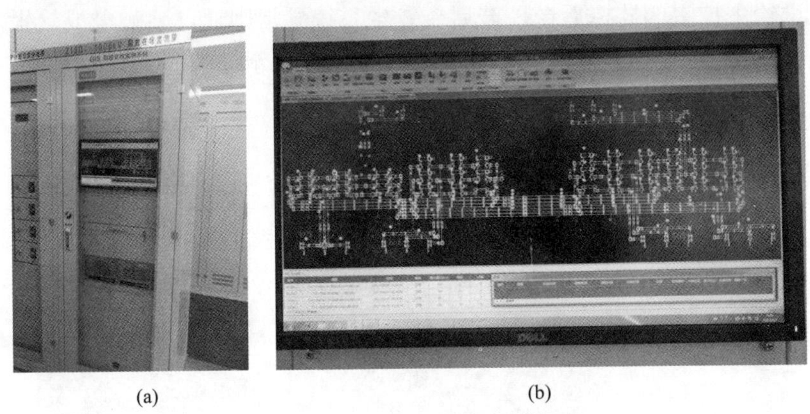

(a)　　(b)

图 3－37　特高频在线监测后台屏柜

（a）屏柜图；（b）界面图

3.1.10.2　SF_6 气体密度在线监测系统

SF_6 气体密度在线监测系统由 SF_6 密度传感器、在线监测端子箱及后台分析系统组成，可实时监测 SF_6 气体的密度和温度，SF_6 气体密度在线监测系统组网示意图如图 3－38 所示。

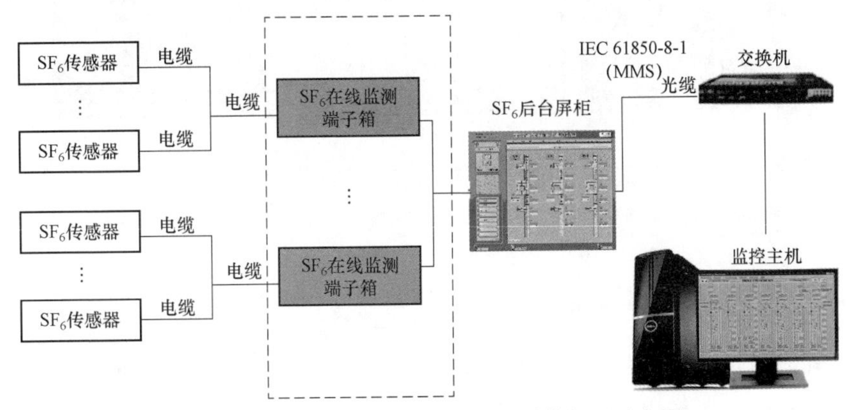

图 3－38　SF_6 气体密度在线监测系统组网示意图

SF_6密度传感器安装于每个 GIS 气室上，位于 SF_6密度继电器和 GIS 气室之间，SF_6密度传感器实时采集气室数据并上传至在线监测系统。

SF_6密度在线监测端子箱采集每个间隔的 SF_6密度传感器电信号，并将电信号转换为光信号后，传输到后台屏柜的显示器上进行显示和储存。

SF_6密度在线监测后台安装在集装式就地控制柜内，可以存储一年以上的 SF_6密度和温度，并在后台屏柜的显示器上显示，也可以通过光缆将数据以 IEC61850 协议上送给主控室的监控后台，若后台发生系统异常则通过硬触电或软报文上传监控系统。SF_6密度在线监测系统组件如图 3－39 所示。

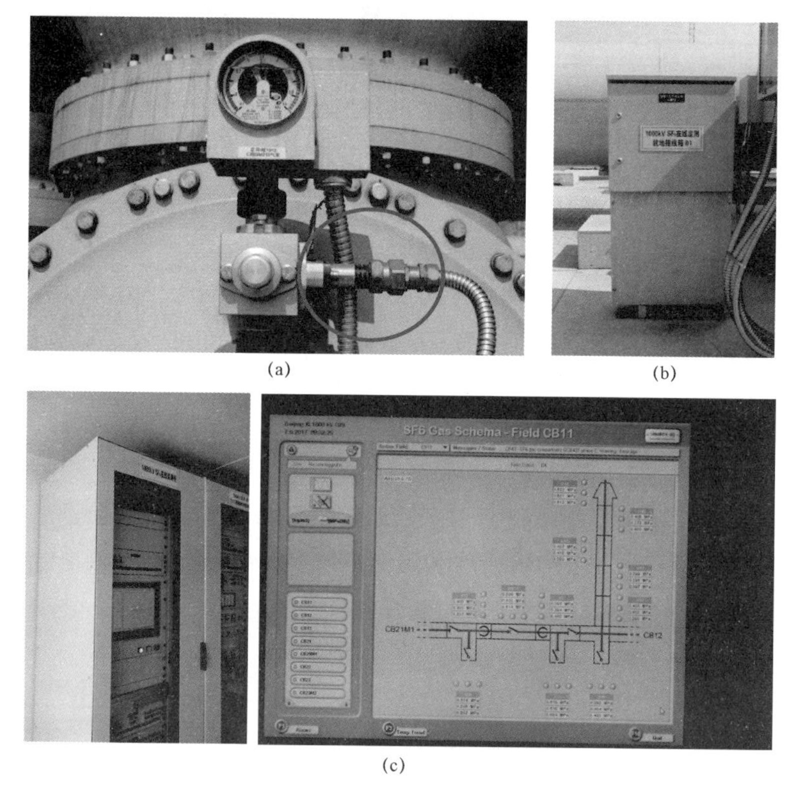

(a)　(b)　(c)

图 3－39　SF_6密度在线监测系统组件

（a）SF_6气体传感器单元；（b）SF_6密度在线监测端子箱；（c）SF_6密度在线监测后台

3.1.11　1000kV GIS 电气闭锁

电气闭锁是变电站常规防误闭锁的一种，是利用断路器、隔离开关辅助触点接通或断开电气操作电源而达到闭锁目的方法。电气闭锁普遍用于电动隔离开关和电动接地开关。断路器与隔离开关之间设置电气闭锁，是因为隔离开关没有灭弧装置，只能接通或断开空载电路，所以只能在断路器分开的情况下才能拉合断路器，否则会将发生带负荷拉合隔离开关。

1000kV GIS 电气闭锁包括：① 隔离开关与断路器闭锁；② 母线接地开关与所有边断路器母线侧隔离开关闭锁；③ 线路接地开关和线路隔离开关闭锁；④ 主变压器接地开关和主变压器隔离开关闭锁。

3.1.11.1　断路器电气闭锁条件

合：无条件。

分：无条件。

断路器的分合操作与两侧隔离开关三相状态一致性有闭锁，即只有当断路器两侧隔离开关的三相状态一致时（三相均在合位或均在分位），断路器才可以动作。

3.1.11.2　隔离开关电气闭锁条件

合：该间隔断路器在分位，与该隔离开关相连的所有电气连接回路（变压器、电抗器、电容器、断路器视为金属连接）至下一个隔离开关范围内所有接地开关均在分位且无接地线。

分：该间隔断路器在分位。

3.1.11.3　接地开关电气闭锁条件

合：与该接地隔离开关相连的所有电气连接（变压器、电抗器、电容器、断路器视为金属连接）部分与其他电气连接部分均形成明显断开点，即该接地隔离开关所属电气连接部分所连接的隔离开关均在分位。

分：无条件。

3.2　1000kV GIS 运行维护

3.2.1　运行规定

（1）送电前必须试验合格，各项检查项目合格，各项指标满足要求，保护按照整定配置要求投入，并经验收合格，方可投运。GIS 出厂前应完成型式试验和出厂试验，现场试验安装完毕后应完成现场试验，合格后方可投入运行，GIS 现场试验主要包括主回路绝缘试验、辅助回路绝缘试验、断路器机械特性试验、气体密封试验、分闸和合闸动作试验、耐压试验、SF_6气体的水分含量、纯度测定、SF_6气体密度继电器及压力表校验等。保护应按照调控机构下发的定值单整定后，经运维人员与保护录入人员核对正确后，与值班调控人员核对正确，按照要求投入运行。

（2）运行中 SF_6气体年漏气率不应大于 0.5%；湿度检测：有灭弧分解物的气室不应大于 300μL/L，无灭弧分解物的气室不应大于 500μL/L。1000kV GIS 气体密封性检测按照如下周期开展：气体密度表显示密度下降时，定性检测发现气体泄漏。1000kV GIS 湿度检测按照如下周期开展：每年开展一次；新投运测一次，若接近注意值，半年之后应再测一次；新充（补）气 48h 之后至 2 周之内应测量一次；气体压力明显下降时，应定期跟踪测量气体湿度。

（3）当 SF_6气体压力异常发报警信号时，应尽快联系检修人员处理；当气室内的 SF_6压力降低至闭锁值时，严禁分、合闸操作。1000kV GIS 采用 SF_6作为灭弧介质，一般设置两级报警压力：一级报警压力为压力异常报警压力，一级报警压力发出后暂不影响组合电气正常运行，但应尽快联系检修人员处理，避免压力继续降低影响设备正常运行；二级压力为 SF_6闭锁开关分合闸压力，隔离开关、电压互感器、套管以及其他气室二级报警压力为最低运行压力，当断路器灭弧室 SF_6压力降低至闭锁分合闸时，将不能满足断路器灭弧能力，SF_6密度继电器输出节点至断路器控制回路，闭锁断路器分合闸操作。

（4）禁止在 SF_6设备压力释放装置（防爆膜）附近停留。部分 GIS 断路器设有 SF_6压力释放装置或防爆膜，用于释放断路器灭弧室异常增大的压力，为避免人员伤亡，禁止在 SF_6设备压力释放装置（防爆膜）附近停留。

（5）正常情况下应选择远方电控操作方式，当远方电控操作失灵时，方可选择就地电控操作方式。1000kV GIS 应优先选择远方电控操作，当断路器远方电控操作失灵时，可在断路器测控屏进行就地电控操作，严禁在就地控制柜进行就地操作，就地控制柜进行就地操作需将远方/就地切换把手切至就地位置，远方/就地切换把手切至就地位置后将造成断路器控制回路断线，此时任何保护将无法作用于该断路器。当隔离开关远方电控操作失灵时，可采用在就地控制柜进行就地电动控制方式进行操作。

（6）在 GIS 上正常操作时，禁止触及外壳，并保持一定距离。GIS 进行正常操作时，内部将产生电弧，为防止对外壳放电，正常操作时禁止触及 GIS 外壳，并应保持一定距离。

（7）GIS 各元件之间装设的电气连锁，运维人员不得随意解除闭锁，也不应随意更改、增加闭锁功能。电气闭锁是 GIS 常规防误闭锁的一种，是利用断路器、隔离开关辅助触点接通或断开电气操作电源而达到闭锁目的，是防止电气误操作的一种手段，随意解除电气闭锁可能导致误操作的发生，随意更改、增加闭锁功能可能导致误操作或不能进行正常操作。

（8）变电站应配置与实际相符的 GIS 气室分隔图，标明气室分隔情况、气室编号，汇控柜上有本间隔的主接线示意图。为便于 GIS 的生产、运输、安装、运行、检修等需求，GIS 一般由多个气室组成，每个气室之间用盆式绝缘子进行隔离，变电站配置与实际相符的 GIS 气室分割图，对于明确各设备气室范围、快速判断故障气室具有重要意义。GIS 作为密闭电器设备，实际结构不可见，汇控柜上有本间隔的主接线示意图便于运维人员了解掌握本间隔设备内部电气结构。

（9）GIS 变电站应备有正压型呼吸器、氧量仪等防护器具。1000kV GIS 多采用 SF_6 作为灭弧、绝缘介质，为防止 SF_6 大量泄漏，应配置正压型呼吸器、氧量仪等防护器具。

（10）GIS 室控制盘及低压配电盘内应用防火材料严密封堵。GIS 室控制盘及低压配电盘内应用防火材料严密封堵，一方面用于发生火灾时阻止火势蔓延；另一方面用于防止控制盘和低压配电盘内进水受潮，导致短路、误动、拒动等情况发生。

（11）所有扩建预留间隔应按在运设备管理，加装密度继电器并可实现远程监视。扩建预留间隔在 GIS 投入运行后，将带电运行，为避免预留扩建间隔 SF_6 泄漏导致运行设备故障跳闸，扩建预留间隔应按在运设备管理，加装密度继电器并可实现远程监视。

（12）在完成待用间隔设备的交接试验后，应将预留间隔的断路器、隔离开关和接地开关置于分闸位置，断开就地控制和操作电源，并在机构箱上加装挂锁。预留间隔作为后续扩建使用，在交接试验后，应将预留间隔的断路器、隔离开关和接地开关置于分闸位置，为防止误操作预留间隔断路器、隔离开关、接地开关应断开就地控制和操作电源，并在机构箱上加装挂锁。

3.2.2 巡视和操作规定

3.2.2.1 例行巡视项目

（1）设备出厂铭牌齐全、清晰。

（2）运行编号标识、相序标识清晰。

（3）外壳无锈蚀、损坏，漆膜无局部颜色加深或烧焦、起皮现象。

（4）伸缩节外观完好，无破损、变形、锈蚀。

（5）外壳间导流排外观完好，金属表面无锈蚀，连接无松动。

（6）盆式绝缘子分类标示清楚，可有效分辨通盆和隔盆，外观无损伤、裂纹。

（7）套管表面清洁，无开裂、放电痕迹及其他异常现象；金属法兰与瓷件胶装部位黏合应牢固，防水胶应完好。

（8）增爬措施（伞裙、防污涂料）完好，伞裙应无塌陷变形，表面无击穿，黏接界面牢固；防污闪涂料涂层无剥离、破损。

（9）均压环外观完好，无锈蚀、变形、破损、倾斜脱落等现象。

（10）引线无散股、断股；引线连接部位接触良好，无裂纹、发热变色、变形。

（11）设备基础应无下沉、倾斜，无破损、开裂。

（12）接地连接无锈蚀、松动、开断，无油漆剥落，接地螺栓压接良好。

（13）支架无锈蚀、松动或变形。

（14）运行中 GIS 无异味，重点检查机构箱中有无线圈烧焦气味。

（15）运行中 GIS 无异常放电、振动声，内部及管路无异常声响。

（16）SF_6气体压力表或密度继电器外观完好，编号标识清晰完整，二次电缆无脱落，无破损或渗漏油，防雨罩完好。

（17）开关设备机构油位计和压力表指示正常，无明显漏气漏油。

（18）断路器、隔离开关、接地开关等位置指示正确，清晰可见，机械指示与电气指示一致，符合现场运行方式。

（19）断路器、油泵动作计数器指示值正常。

（20）机构箱、汇控柜等的防护门密封良好、平整，无变形、锈蚀。

（21）带电显示装置指示正常，清晰可见。

（22）各类配管及阀门应无损伤、变形、锈蚀，阀门开闭正确，管路法兰与支架完好。

（23）避雷器的动作计数器指示值正常，泄漏电流指示值正常。

（24）各部件的运行监控信号、灯光指示、运行信息显示等均应正常。

（25）智能柜散热冷却装置运行正常；智能终端/合并单元信号指示正确，与设备运行方式一致，无异常告警信息；相应间隔内各气室的运行及告警信息显示正确。

（26）在线监测装置外观良好，电源指示灯正常，应保持良好运行状态。

（27）本体及支架无异物，运行环境良好。

（28）有缺陷的设备，检查缺陷、异常有无发展。

（29）变电站现场运行专用规程中根据 GIS 的结构特点补充检查的其他项目。

3.2.2.2　全面巡视项目

全面巡视应在例行巡视的基础上增加以下项目：

（1）机构箱。

1）液压操动机构油位正常，无渗漏，油泵及各储压元件无锈蚀。

2）二次接线无松动、无脱落，绝缘无破损、无老化现象；电缆孔洞封堵完好。

3）机构箱透气口滤网无破损，箱内清洁无异物，无凝露、积水现象，箱体密封良好，密封条无脱落、老化现象。

（2）汇控柜及二次回路。

1）箱门应开启灵活，关闭严密，密封条良好，箱内无水迹。

2）箱体接地良好。

3）箱内无遗留工具等异物。

4）接触器、继电器、辅助开关、限位开关、空气开关、切换开关等二次元件接触良好、位置正确，电阻、电容等元件无损坏，中文名称标识正确齐全。

5）二次接线压接良好，无过热、变色、松动，接线端子无锈蚀，电缆备用芯绝缘护套完好。

6）二次电缆绝缘层无变色、无老化或损坏，电缆标牌齐全。

7）电缆孔洞封堵严密牢固，无漏光、漏风、裂缝和脱漏现象，表面光洁平整。

8）汇控柜保温措施完好，温湿度控制器及加热器回路运行正常，无凝露，加热器位置应远离二次电缆。

9）照明装置正常。

10）指示灯、光字牌指示正常。

11）光纤完好，端子清洁，无灰尘。

12）连接片投退正确。

（3）防误装置完好。

（4）记录避雷器动作次数、泄漏电流指示值。

3.2.2.3 熄灯巡视项目

（1）设备无异常声响。

（2）引线连接部位、线夹无放电、发红迹象、异常电晕。

（3）套管等部件无闪络、放电。

3.2.2.4 特殊巡视项目

（1）新设备投入运行后巡视项目。新设备或大修后投入运行 72h 内应开展不少于 3 次特巡，重点检查设备有无异声、压力变化，红外检测罐体及引线接头等有无异常发热。

（2）异常天气时的巡视项目。

1）严寒季节时，检查设备 SF_6 气体压力有无过低，管道有无冻裂，加热保温装置是否正确投入。

2）气温骤变时，检查加热器投运情况，压力表计变化、液压机构设备有无渗漏油等情况；检查本体有无异常位移，伸缩节有无异常。

3）大风、雷雨、冰雹天气过后，检查导引线位移、金具固定情况及有无断股迹象；设备上有无杂物，套管有无放电痕迹及破裂现象。

4）浓雾、重度雾霾、毛毛雨天气时，检查套管有无表面闪络和放电，各接头部位在小雨中出现水蒸气上升现象时，应进行红外测温。

5）冰雪天气时，检查设备积雪、覆冰厚度情况，及时清除外绝缘上形成的冰柱。

6）高温天气时，增加巡视次数，监视设备温度，检查引线接头有无过热现象，设备有无异常声音。

（3）故障跳闸后的巡视。

1）检查现场一次设备（特别是保护范围内设备）外观，导引线有无断股等情况。

2）检查保护装置的动作情况。

3）检查断路器运行状态（位置、压力、油位）。

4）检查各气室压力。

3.2.2.5 操作注意事项

（1）GIS 电气闭锁装置禁止随意解锁或停用。正常运行时，汇控柜内的闭锁控制钥匙应严格按照《国家电网公司电力安全工作规程》规定保管使用。

（2）GIS 操作前后，无法直接观察设备位置的，应按照相关安全工作规程的规定通过间接方法判断设备位置。

（3）GIS 无法进行直接验电的部分，可以按照安全工作规程的规定进行间接验电。

3.2.3 运行维护

3.2.3.1 汇控柜维护

（1）结合设备停电对 GIS 汇控柜进行清扫（见图 3－40）。必要时可增加清扫次数，但必须采用防止设备误动的可靠措施。

（2）加热装置在入冬前应进行一次全面检查并投入运行，发现缺陷及时处理。

（3）驱潮防潮装置应长期投入，在雨季来临之前进行一次全面检查，发现缺陷及时处理。

图 3－40 1000kV GIS 汇控柜清扫

3.2.3.2 高压带电显示装置维护

（1）1000kV GIS 高压带电显示装置显示异常，应进行检查维护（见图 3－41）。

（2）对于具备自检功能的带电显示装置，利用自检按钮确认显示单元是否正常。

（3）对于不具备自检功能的带电显示装置，测量显示单元输入端电压：若有电压则判断为显示单元故障，自行更换；若无电压则判断为传感单元故障，联系检修人员处理。

图 3－41　1000kV GIS 高压带电显示装置

（4）更换显示单元前，应断开装置电源，拆解二次线路时应做绝缘包扎处理。

（5）维护后，应检查装置运行是否正常，显示是否正确。

3.2.3.3 指示灯更换

（1）指示灯指示异常（见图 3－42），应进行检查。

（2）测量指示灯两端对地电压：若电压正常则判断为指示灯故障，自行更换；若电压异常则判断为回路其他单元故障，联系检修人员处理。

（3）更换指示灯前，应断开相关电源，并用万用表测量电源侧确无电压。

（4）更换时，运维人员应戴手套，拆解二次线路时应做绝缘包扎处理。

（5）维护后，应检查指示灯运行是否正常，显示是否正确。

（6）对于位置不利于更换或与控制把手一体的指示灯，应建议停电更换，防止因短路造成机构误动。

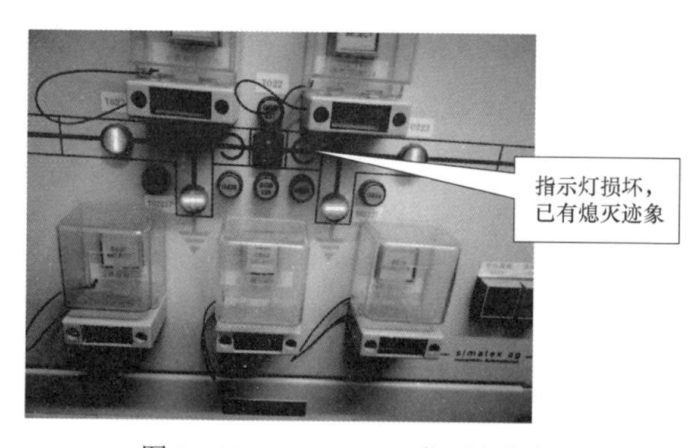

图 3－42　1000kV GIS 指示灯损坏

3.2.3.4　储能空气开关更换

（1）储能空气开关不满足运行要求时，应进行更换。

（2）更换储能空气开关前，应断开上级电源，并用万用表测量电源侧确定无电压。

（3）更换时，运维人员应戴手套，打开的二次线路应做好绝缘措施。

（4）更换后检查极性、相序正确，确认无误后方可投入储能空气开关。

3.2.3.5　断路器控制回路断线

【案例】某特高压站，监控机 T021 间隔信息图中“1000kV 洪台Ⅰ线 T021 开关第一组控制回路断线”或“1000kV 洪台Ⅰ线 T021 开关第二组控制回路断线”光字牌点亮。现场设备，T021 断路器保护屏 PCX－AFL 操作箱“Ⅰ合位 A”“Ⅰ合位 B”“Ⅰ合位 C”指示灯、“Ⅱ合位 A”“Ⅱ合位 B”“Ⅱ合位 C”指示灯部分熄灭（断线相熄灭）（见图 3－43）。

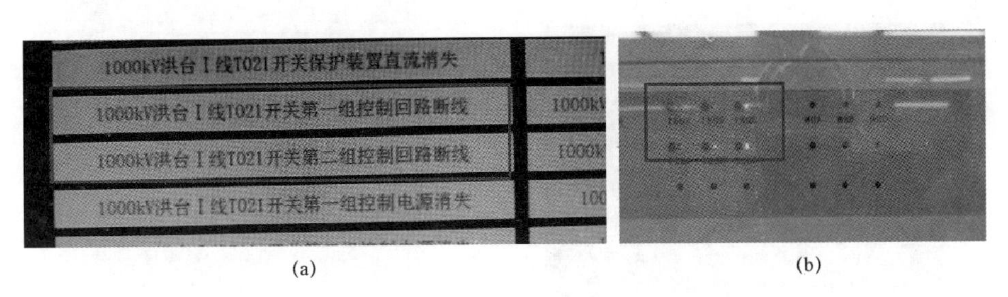

(a)　　(b)

图 3－43　监控信号、操作箱指示灯

（a）监控信号；（b）操作箱指示灯

【处理方法】

（1）根据操作箱合位指示灯熄灭情况即可判定故障相别，即哪一相合位指示灯熄灭、哪一相断线（此次检查处理流程按照三相指示灯均熄灭情况进行）。

（2）检查直流馈线屏中 T021 控制电源空气开关是否跳闸（见图 3－44）。检查 T021 断路器保护屏后 T021 控制电源Ⅰ空气开关 4DK1、T021 控制电源Ⅱ 4DK2 是否跳闸（见图 3－45）。若直流分电屏 T021 控制电源空气开关跳闸或断路器保护屏后控制电源空气开关跳闸，检查无明显异常，可试送一次。无法合上或再次跳开，应进行回路检查，未查明原因前不得再次送电。

图 3-44　馈线屏电源空气开关

（3）检查 T021 断路器就地控制柜断路器远方就地切换把手位置是否正确，应在“远方”位置。若切换把手在“就地”位置，将其切至“远方”位置，检查告警信号是否复归（见图 3-46）。

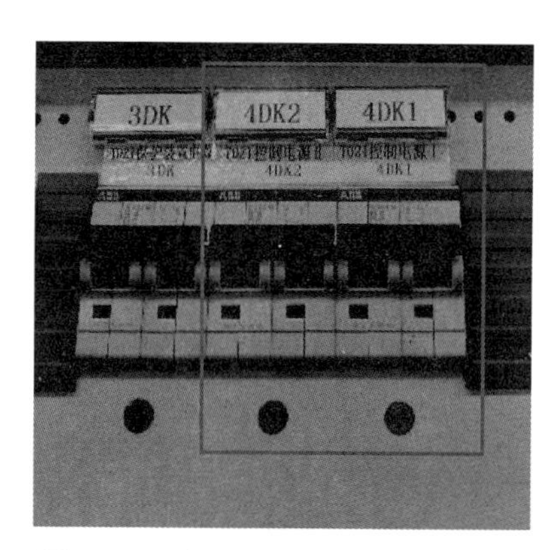

图 3-45　保护屏控制电源空气开关

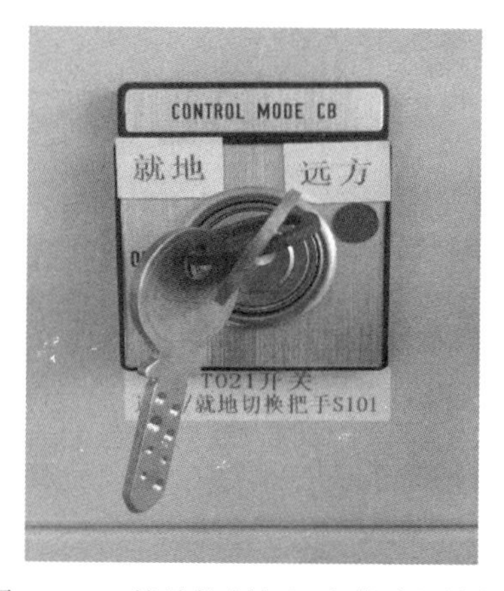

图 3-46　就地控制柜远方就地切换把手

（4）检查 T021 断路器储能情况是否正常。检查液压碟簧位置是否正常（见图 3-47）。检查油压是否降低至闭锁值，监控后台有无异常信号（见图 3-48）。若 T021 断路器储能异常，油压降低至闭锁值，按照油压降低至闭锁处理。

（5）检查 T021 断路器合闸电阻 GCB211 气室压力是否正常，压力是否下降至红区（见图 3-49）。若 T021 断路器 SF_6 气体压力降低至闭锁值，按照 SF_6 气体压力闭锁处理。

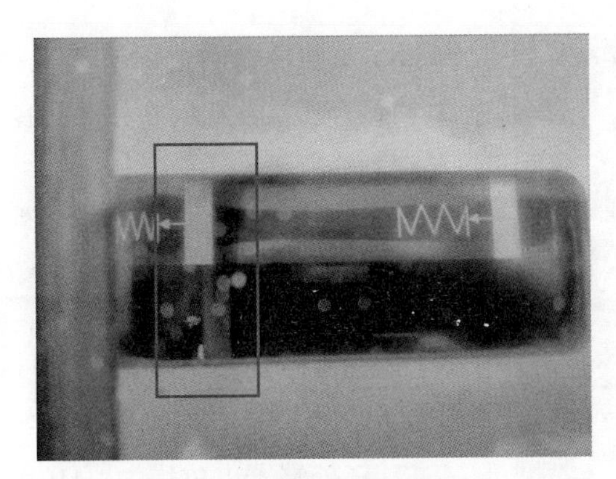

图 3-47　液压碟簧位置指示

图 3-48　监控机告警信号

图 3-49　气室压力表

图 3－50　就地控制柜端子排

（6）若以上检查内容无异常，则判断缺陷原因为控制回路存在接线松动、接触不良或元件损坏现象，应对控制回路进行检查。以第一组控制回路为例，使用万用表直流电压挡，在 T021 断路器就地控制柜内测量接线端子 X711:2、X711:3、X711:4 对地电压，正常电位应为－110V（见图 3－50），断路器控制回路如图 3－51 所示。

此时存在以下三种情况：

1）三处端子电位均为－110V，说明缺陷位置不在本控制柜内，在端子 X711:2、X711:3、X711:4 的正电端（即在断路器保护屏内操作箱中）。

2）三处端子电位均为+110V，说明缺陷位置在三相控制回路负电端的公共回路（即在 CB21－X1:4、CB21－X1:36、CB21－X1:68 之后至负电端）。注意：也可能是三相分回路均有缺陷，此种情况应按照Ⅲ情况对三相分别进行检查处理。

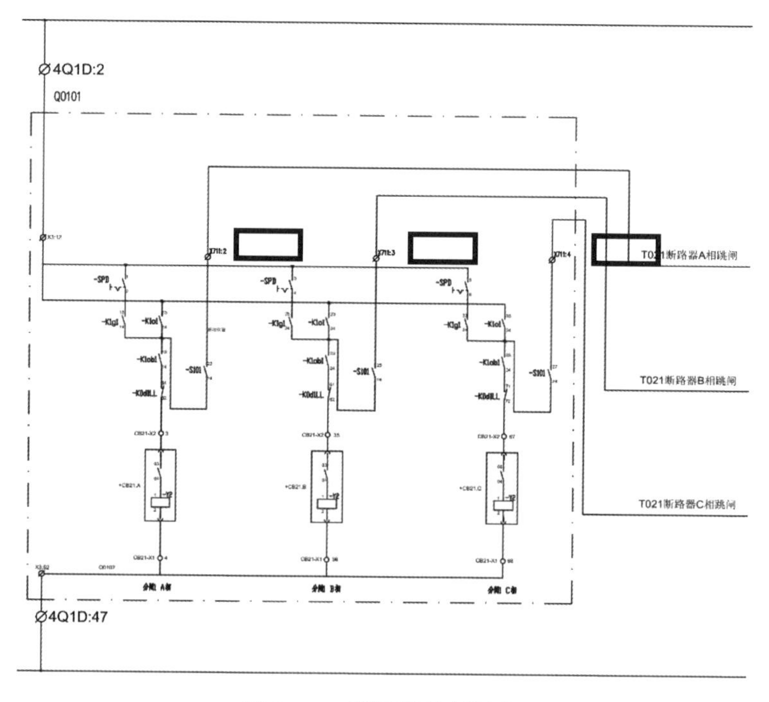

图 3－51　断路器控制回路

3）三处端子中，一相为+110V（以 A 相为例），其他两相为－110V，说明缺陷位置在就地控制柜内 A 相分闸控制回路（即端子 X711:2 至 CB21－X1:4 之间部分）。

（7）针对以上三种情况，分别对相应回路使用万用表直流挡进行对地电压测量，以判断缺陷具体位置：

1）断路器跳闸回路如图 3－52 所示。分别测量 T021 断路器保护屏后操作箱插件的 4n8X17、4n9X17、4n10X17 端子（见图 3－53）。

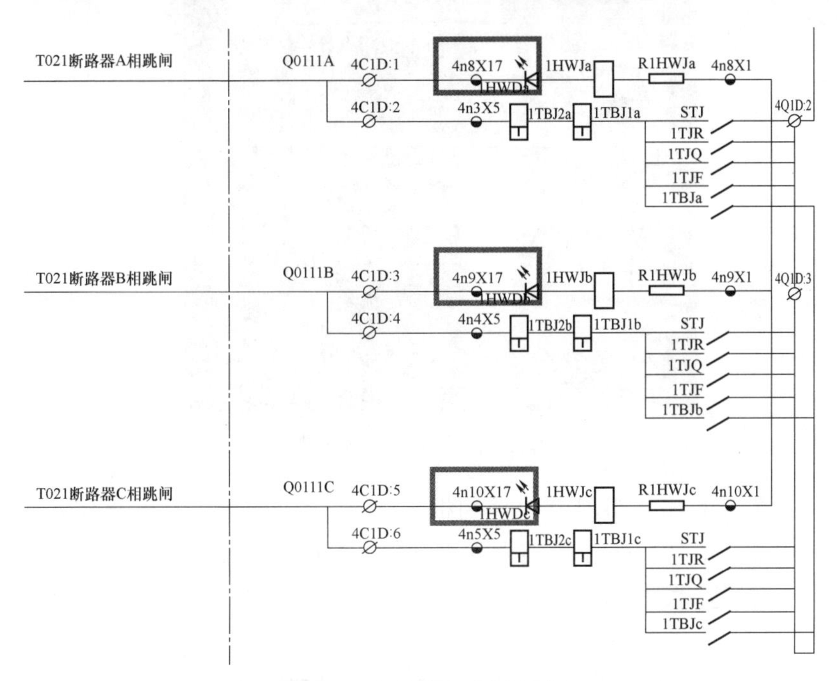

图 3－52　断路器跳闸回路

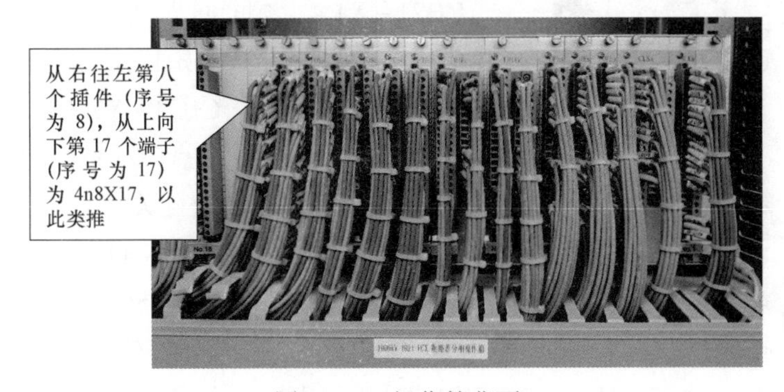

图 3－53　操作箱背面

此时，可能存在以下两种情况：① 三处均为－110V，说明故障部位或元件位于操作箱内部，此时应将相关检查情况汇总后告知专业班组，等待专业班组处理；② 一处为+110V（以4n8X17为例，保护屏端子排见图3－54），两处为－110V，说明X711:2、4C1D:1、4n8X17三处端子中一处存在接线松动，对三处端子接线进行紧固。

图3－54　保护屏端子排

2）测量T021断路器就地控制柜内CB21－X1:4、CB21－X1:36、CB21－X1:68、X3:52端子及T021断路器保护屏后4Q1D：47端子对地电位（从负电端往前查），测量值由－110V变为+110V处即为故障部位，对该处进行紧固处理即可（见图3－55）。

图3－55　就地控制柜端子排（局部）

3）根据控制回路图测量端子X711:2至CB21－X1:4之间回路各点对地电压，由CB21－X1:4端子开始向上测量，依次测量CB21－X1:4端子、CB21－X2:3端子、K0d1LL继电器的（51，52）触点，K1ob1继电器的（13，14）触点，S101转换开关的（23，24）触点，X711:2端子，测量值由－110V变为+110V处即为故障部位（见图3－56）。

如该处为接线端子，对该处接线进行紧固，如该处为继电器触点或转换开关触点，应确定故障原因：① 可能是该处接线松动；② 可能是该副节点无法转换，不正常导通。

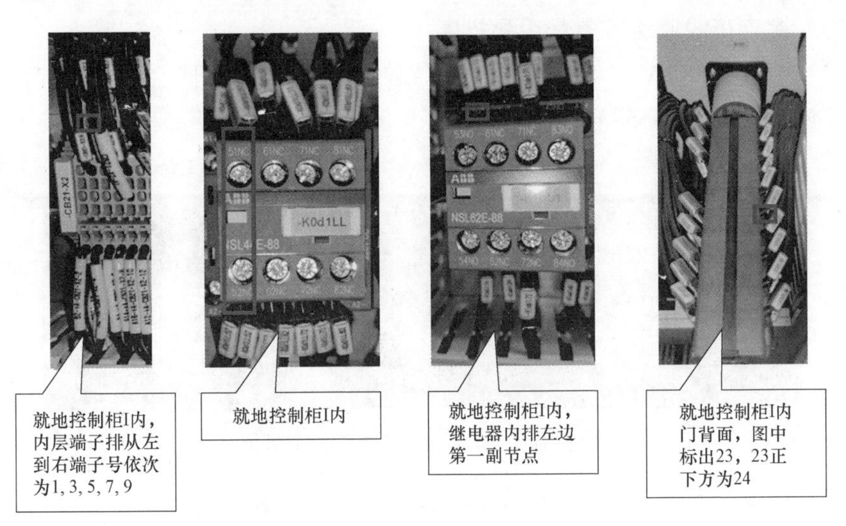

图 3－56　就地控制柜元器件

前者对接线进行紧固即可，后者应更换备用节点，如没有备用节点，应对继电器或转换开关进行更换。

如果 CB21－X1:4 端子对地电压为－110V、CB21－X2:3 端子对地电压为+110V，而 CB21－X2:3 端子处接线紧固，说明故障部位位于航空插头内或机构内，此时应将相关检查情况汇总后告知专业班组，等待检修人员处理。

（8）上述工作完毕后，检查监控后台缺陷信号是否复归，光字牌是否熄灭，断路器保护屏操作箱合位监视灯是否正常点亮。

3.2.3.6　局部放电在线监测装置通信中断

【案例】主控室警铃响，监控机报：1000kV 局部放电在线监测装置 EC3000 通信中断（见图 3－57）。

2020-02-04 15:20:49 628	通道事项	1000kV 局部放电在线监测装置 EC3000 JF2017 通道_ 172.20.6.107 通信中断
2020-02-04 15:20:49 628	装置通信状态	1000kV 局部放电在线监测装置 EC3000　通信中断
2020-02-04 15:20:49 628	通信状态	1000kV 局部放电在线监测装置 EC3000 装置通信状态　通信中断
2020-02-04 15:20:49 628	通信状态	1000kV 局部放电在线监测装置 EC3000 A 通道状态　通信中断

图 3－57　1000kV 局部放电在线监测装置 EC3000 通信中断

【处理方法】

（1）检查在线监测装置是否死机。

（2）检查 1000kV GIS 局部放电在线监测主机屏，打开柜门重启按钮，监控机通信恢复（见图 3－58）。

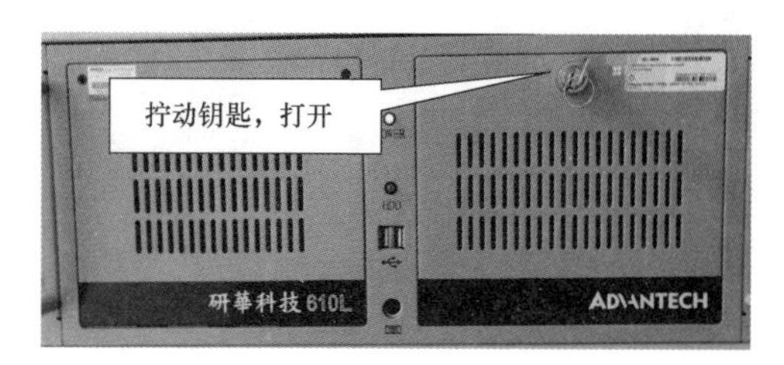

图 3－58　局部放电在线监测主机屏

（3）注意不要随意按动其他不相关按钮，防止损坏装置。

3.3　GIS 局部放电检测

3.3.1　周期要求

根据《国网运检部关于印发变电设备带电检测工作指导意见的通知》（运检一〔2014〕108 号）附件 1 的要求，1000kV GIS 超声波和超高频局部放电检测周期为 1 个月 1 次，500kV GIS 超声波和超高频局部放电检测周期为 6 个月 1 次，GIS 新安装及 A、B 类检修重新投运后 1 个月内进行 1 次。

3.3.2　注意事项

（1）检查仪器完整性，确认仪器能正常工作，保证仪器电量充足或者现场交流电源满足仪器使用要求。

（2）检查现场试验区域，确保试验区域满足安全要求。

（3）轻拿轻放，防止设备损坏。

（4）根据 Q/GDW 11059.1—2013《气体绝缘金属封闭开关设备　局部放电带电测试技术现场应用导则》中 8.3 的检测步骤规定，测试时间不少于 30s，如有异常再进行多次测量。对多组测量数据进行幅值对比和趋势分析。

（5）被检设备是带电运行设备，应尽量避开视线中的封闭遮挡物，如门和盖板等。

（6）GIS气体压力为额定压力，在GIS设备上无各种外部作业。

（7）金属外壳应清洁、无覆冰等。

（8）进行检测时应避免干扰源和大型设备振动及人员频繁走动带来的影响。

（9）进行室外检测时，应避免雨、雪、雾、露等湿度大于85%的天气条件对GIS外壳表面的影响，并记录背景噪声。

（10）应避开设备防爆口或压力释放口。

（11）应确保操作人员及测试仪器与电力设备的高压部分保持足够的安全距离。

（12）测试现场出现明显异常情况时（如异声、电压波动、系统接地等），应立即停止测试工作并撤离现场。

（13）应有专人监护，监护人在检测期间应始终行使监护职责，禁止擅离岗位或兼职其他工作。

（14）进行特高频局部放电检测时，应注意内置局部放电探头连接处的接地禁止不得拆除。

（15）进行特高频局部放电检测时，应注意盆子浇筑孔上方向，测试完毕应正确回装，且回装前应均匀涂抹防水胶。

（16）如果超声局部放电未检测出异常，应在试验报告中标明“超声局部放电检测未见异常”；如果发现异常，但不属于典型图谱，应在试验报告中标明“超声局部放电监测发现异常，但未见典型放电图谱”；如果发现缺陷，应在试验报告中标明“超声局部放电检测发现××气室具有典型局部放电的检测图谱”。

（17）如果超声局部放电检测发现异常，需要结合特高频局部放电手段进行复测，如特高频也发现有异常，并且两者均出现典型放电图谱，需要结合 SF_6 分解物测试，确定气室内部放电情况。

3.3.3　测试流程

3.3.3.1　超声局部放电检测流程

（1）连接主机与超声探头（或特高频探头）。

（2）打开主机，通过模式按钮，将主机模式调整为超声波信号测量。背景噪声测试。将传感器悬浮于空气中，测量空间背景噪声值并记录。背景噪声仅来自环境、仪器和放大器自身，一般有效值和峰值小而幅值稳定。

（3）测试点选取。对于 GIS，在断路器断口处、隔离开关、接地开关、电流互感器、电压互感器、避雷器、导体连接部件等处均应设置测试点。一般在 GIS 壳体轴线方向每间隔 0.5m 左右选取一处，测量点尽量选择在隔室侧下方。对于较长的母线气室，可适当放宽检测点的间距；应保持每次测试点的位置一致，以便进行比较分析。

（4）在传感器与测点部位间应均匀涂抹专用耦合剂并适当施加压力，以尽可能减小检测信号的衰减。然后按主机的启动/停止按钮，开始测试。

（5）测试时检查仪器右下角的四个监测量的情况（从左向右依次为峰值、有效值、50Hz 频率相关性和 100Hz 频率相关性），具体判断依据见结果分析。

（6）如存在异常信号，则应在该隔室进行多点检测，且在该处壳体圆周上至少选取三个点进行比较，查找信号最大点的位置，并通过主机启动/停止按钮，停止测试，按下图谱按钮，切换主机显示至 PRPD 图谱显示，并与典型放电图谱进行比对，确定缺陷情况。

3.3.3.2 特高频局部放电检测流程

（1）进行 GIS 特高频检测，需根据现场实际选择连接主机与特高频探头或连接主机与设备内置传感器方式进行。

（2）打开主机，通过模式按钮，将主机模式调整为特高频信号测量。

（3）背景特高频干扰测试，将传感器悬浮于空气中，测量空间特高频干扰信号并记录（内置探头测试不需要进行背景测试）。

（4）一般特高频检测较多与超声检测配合进行，适用于直线且较长母线，或是用于超声检测出缺陷后的复测。

（5）根据现场实际选择连接主机与特高频探头或连接主机与设备内置传感器后，按主机的启动/停止按钮，开始测试。

（6）测试时检查仪器右下角的四个监测量的情况（从左向右依次为峰值、有效值、50Hz 频率相关性和 100Hz 频率相关性），具体判断依据见结果分析。

（7）如存在异常信号，应通过主机启动/停止按钮，停止测试，按下图谱按钮，切换主机显示至 PRPD 图谱显示，并与典型放电图谱进行比对，确定缺陷情况。同时应结合超声局部放电较差对比测试，确定设备缺陷情况。

3.3.4　结果分析

3.3.4.1　超声局部放电结果分析

（1）缺陷类型识别。可以根据超声波检测信号的 50Hz 和 100Hz 频率相关性、信号幅值水平以及信号的相位关系，进行缺陷类型识别。

（2）无异常数据特征。无异常的 GIS 测量结果应该与背景接近，50Hz/100Hz 相关性（一个工频周期出现 1 次/2 次放电的概率）信号基本为零或与背景接近；对正常数据进行统计学分析，分析信号分布规律。

（3）异常信号处理。若检测到异常信号，可借助其他检测仪器（如特高频局部放电检测仪、SF_6 分解物检测分析仪），对异常信号进行相位分析，并判断放电的类型。

（4）常见放电特征。常见放电特征见表 3－1。

表 3－1　　常见放电特征

判断依据＼缺陷类型	自由金属颗粒	电晕放电	悬浮放电
峰值/有效值	高	低	高
50Hz 频率相关性	无	高	低
100Hz 频率相关性	无	低	高
相位关系	无	有	有

说明：局部放电信号 50Hz 相关性指局部放电在一个电源周期内只发生一次放电的概率。概率越大，50Hz 相关性越强。局部放电信号 100Hz 相关性指局部放电在一个电源周期内发生 2 次放电的概率。概率越大，100Hz 相关性越强。

3.3.4.2　特高频局部放电结果分析

（1）缺陷类型识别。利用典型局部放电信号的波形特征或统计特性建立局部放电指纹模式库，通过局部放电检测结果和模式库的对比，可进行局部放电类型识别。

（2）局部放电定位。可利用不同布置位置传感器检测信号的强度变化规律和延时规律来确定缺陷部位。

（3）局部放电严重程度判定。局部放电视在放电量是常规脉冲电流法判断缺陷严重程度的基本参数，但特高频检测尚没有成熟的定量评价方法。GIS局部放电缺陷的严重程度应根据放电类型的识别结果和检测特征量的发展趋势（随时间推移同一测试点放电强度、放电频率、放电频次变化规律）进行综合判断，分析中应参考局部放电超声检测和气体分解物检测等诊断性试验结果。

3.4 GIS SF_6 气体检测

3.4.1 周期要求

（1）依据Q/GDW 322—2009《1000kV交流电气设备预防性试验规程》中7.1，1000kV GIS SF_6气体湿度检测周期为1年。

（2）依据Q/GDW 1168—2013《输变电设备状态检修试验规程》中5.9.1.1，GIS SF_6气体湿度检测（带电）基准周期为3年。

（3）依据Q/GDW 1168—2013《输变电设备状态检修试验规程》中5.8.1.1，110（66）kV及以上SF_6断路器SF_6气体湿度检测（带电）基准周期为3年。

（4）依据Q/GDW 1168—2013《输变电设备状态检修试验规程》中5.8.1.1，SF_6气体湿度检测有下列情况之一，开展本项目：① 新投运测一次，若接近注意值，半年之后应再测一次；② 新充（补）气48h之后至2周之内应测量一次；③ 气体压力明显下降时，应定期跟踪测量气体湿度。

（5）依据《国网运检部关于印发变电设备带电检测工作指导意见的通知》（运检一〔2014〕108号）附件1中第9条，GIS SF_6气体分解物检测周期：① 500kV及以上：运维单位3年；② 其他，必要时；③ 新安装及A、B类检修重新投运后1周内。

（6）依据《国网运检部关于印发变电设备带电检测工作指导意见的通知》（运检一〔2014〕108号）附件1中第9条，GIS SF_6气体纯度检测周期：必要时。

3.4.2 注意事项

（1）核对设备名称，防止误入其他带电间隔。

（2）排气管放在下风口，人员站在上风口。

（3）仪器流量调节准确。

（4）禁止将压力表与气室连接阀门关闭，否则造成气室低气压闭锁。

（5）依据 Q/GDW 1168—2013《输变电设备状态检修试验规程》中 8.1，SF_6气体可从密度监视器处取样。

（6）若检测水分时，导气管和接头用干燥的 N_2（或 SF_6）冲洗 10min 干燥。

（7）若接头拧到底仍无流量时，先检查计量阀是否开启，如开启，再用一字改锥调节加长顶针长度。

（8）接头与设备排气口连接应可靠，将导气管带过滤器的一端与其相连接。

（9）在连接导气管前，应将计量阀处于关闭状态。

（10）仪器充电时间为 10h 左右，尽量不要超过 24h，禁止长时间充电。

（11）严禁私自拆卸仪器。

（12）依据 Q/GDW 1168—2013《输变电设备状态检修试验规程》中 8.1，测量完成后，按要求恢复密度监视器，注意按力矩要求紧固。

（13）开机预热界面，根据通入的样气，在界面上可以进行 SF_6 与 N_2 的切换，切换到 SF_6 气体。

（14）试验中如测出 SO_2、H_2S、HF，试验结束后，应用干净的 SF_6 气体冲洗检测器，直至结果为 0。

（15）若测试结果界面纯度显示为体积分数的数据（单位标示为%V），需在测量界面点击体积分数按钮自动切换到质量分数数据（单位标示为%W），并记录质量分数数据。

（16）从接头处拆气管时，将闭锁圆环向气管方向推，然后将接头拔出。

（17）检测结束后，应关闭计量阀。

（18）若检测 SF_6 气室出现过放电现象，注意电弧分解气有毒，检测人员要佩戴防毒面具。

（19）当有大量的分解产物时，禁止长时间检测，以防检测器损坏。

（20）检测过程中，不能快速调节计量阀，以免引起检测数据失真。

（21）SF_6 气体湿度试验的显示结果有两个，一个是当前温度下的气体湿度，另一个是折算至 20℃下的气体湿度，应将折算至 20℃下的气体湿度与规程要求值进行比较。

（22）SF_6 纯度要求值为质量分数，并非体积分数。

（23）试验报告应明确试验结果是否合格。

3.4.3 测试流程

（1）开机后，预热 600s，检查界面中心显示“SF_6 流量”，调节流量阀使气体流量至分解物、纯度：0.20±10%L/min；水分（或水分组合）：0.50±10%L/min。

（2）自动进入主菜单，点设备选择，选择设备性质。

（3）选择检测项目（可以单测一个试验项目，也可水分、分解物和纯度同时测），开始检测。

（4）分解物检测流量为 0.20±10%L/min，流量不在规格值内，流量报警灯亮，检测时间为 180s。

（5）纯度检测流量为 0.20±10%L/min，流量不在规格值内，流量报警灯亮，检测时间为 180s，若右上显示体积比，则按下体积比按键切换到质量比。

（6）水分检测流量为 0.50±10%L/min，流量不在规格值内，流量报警灯亮，检测时间为 300s。

（7）“分解物+纯度+水分”检测，实现三个试验项目同时测。

（8）记录试验数据。

（9）检测结束后，先从设备上取下转接头，拆下导气管，关闭计量阀，恢复阀门防尘盖。开启气泵 2～3min，拆排气管（蓝色卡扣往里推），关闭电源。

3.4.4 结果分析

（1）依据 Q/GDW 322—2009《1000kV 交流电气设备预防性试验规程》中 5.1，1000kV GIS 气体湿度要求：① 断路器灭弧室气室：大修后不大于 150μL/L，运行中不大于 300μL/L；② 其他气室：大修后不大于 250μL/L，运行中不大于 500μL/L。

（2）依据 Q/GDW 1168—2013《输变电设备状态检修试验规程》中 8.1，GIS 气体湿度要求：① 有电弧分解物隔室（GIS）：新充气后不大于 150μL/L，运行中不大于 300μL/L；② 无电弧分解物隔室（GIS、电流互感器、电磁式电压互感器）：新充气后不大于 250μL/L，运行中不大于 500μL/L。

（3）依据 Q/GDW 1168—2013《输变电设备状态检修试验规程》中 5.8.1.1，110（66）kV 及以上 SF_6 断路器 SF_6 气体湿度检测（带电）要求不大于 300μL/L（注意值）。

（4）依据 Q/GDW 1168—2013《输变电设备状态检修试验规程》中 8.2，SF_6 气体成分分析要求：SO_2≤1μL/L（注意值）；H_2S≤1μL/L（注意值）。

（5）依据 Q/GDW 1168—2013《输变电设备状态检修试验规程》中 8.2，SF_6 气体纯度（质量分数）要求：新气纯度不小于 99.8%；运行中的纯度不小于 97%。

第4章

1000kV 电压互感器

4.1 1000kV 电压互感器结构特点

4.1.1 1000kV 电容式电压互感器总体结构

1000kV 电容式电压互感器作为特高压变电站的主要测量元件，相对于超高压电压互感器在设计、制造和试验等方面均具有更大的难度。1000kV 电容式电压互感器由电容分压器和电磁单元组成，采用分体式结构，便于产品试验、现场检测、调试、预试和故障分析及处理。在互感器顶部及各节电容器首、末端都设有均压环，均压结构可有效减少电晕及降低无线电干扰水平。调节绕组全部引出，便于产品的检查、试验和现场调试。1000kV 电容式电压互感器见图 4-1。

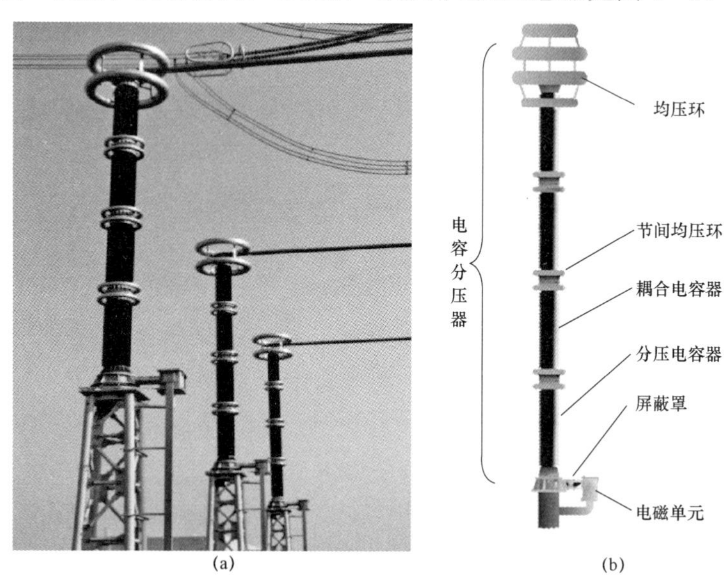

图 4-1 1000kV 电容式电压互感器

（a）示意图；（b）结构图

4.1.2　电容式电压互感器基本原理

电容式电压互感器电气原理见图 4－2。由 C1 和 C2 组成电容分压器，利用电容分压器的分压，将分压后得到的中压电压通过中压变压器降为标准规定的二次电压，如 $100/\sqrt{3}$ V 和 100V 的电压，为电压测量及继电保护装置提供电压信号。一次回路中，在中压变压器的低压端串接有电抗器，用于补偿由于负荷效应引起的电容分压器的容抗压降，以便得到规定的负荷范围和准确度等级的电压信号。在互感器电磁单元内部装有阻尼器，能有效地抑制铁磁谐振。中压变压器一次绕组和补偿电抗器绕组都带有调节绕组，用于误差调节。在补偿电抗器两端加有保护器件 F，用于在暂态过程中限制补偿电抗器的过电压。

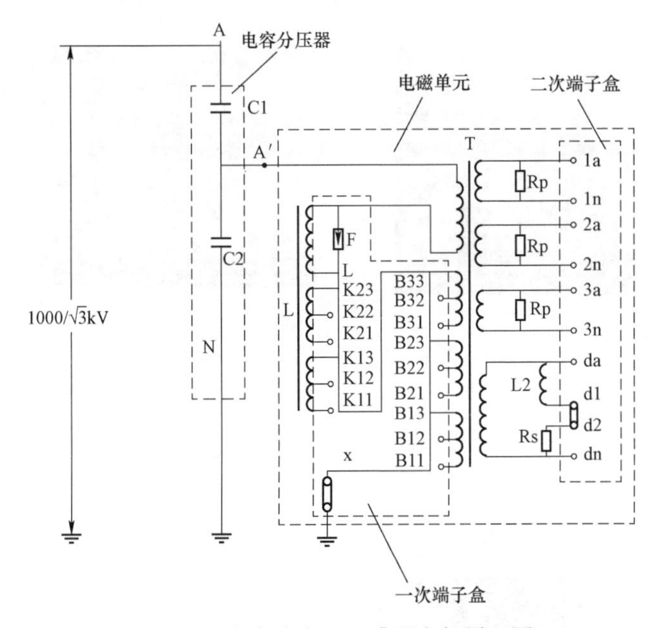

图 4－2　电容式电压互感器电气原理图

4.1.3　电容分压器结构

电容分压器由一节分压电容器、三节耦合电容器，以及顶部均压环、节间均压环组成。

耦合电容器由套管、芯子、金属膨胀器和介质结构组成，耦合电容器结构如图 4－3 所示。套管为等静压干式整体成形浇装套管。芯子一般由两节电容单元串联组成，每个电容单元由若干电容元件串联组成。金属膨胀器用于调节互感器内部压力，为外油式结构，绝缘介质主要为膜纸复合浸渍苄基甲苯油。

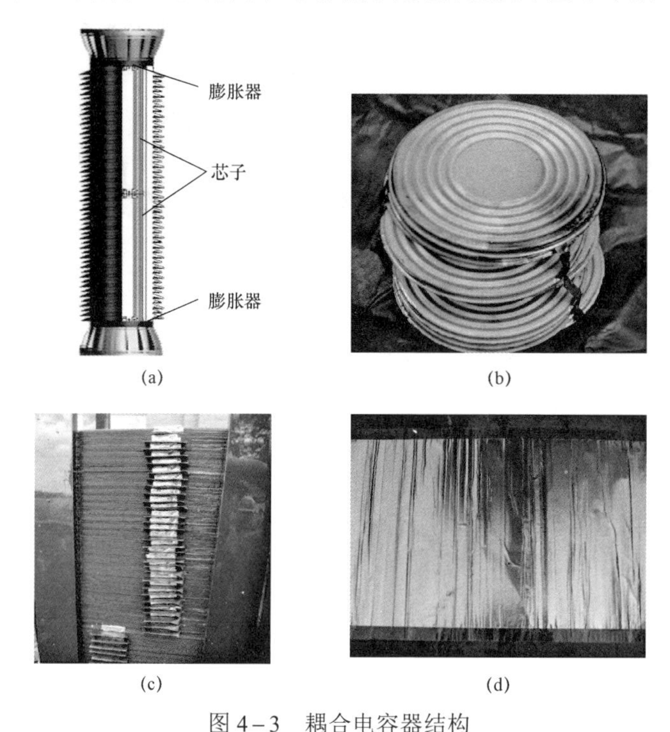

图 4－3　耦合电容器结构

（a）耦合电容器；（b）金属膨胀器；（c）叠装的电容单元；（d）电容单元展开后的电容屏

分压电容器（下节）底座为全密封结构，由 C11 和 C2 组成，内部充有变压器油，设有观察窗、注油孔和放油孔（见图 4－4）。与 500kV 及以下 CVT 不同，中压套管在电容器侧面引出。

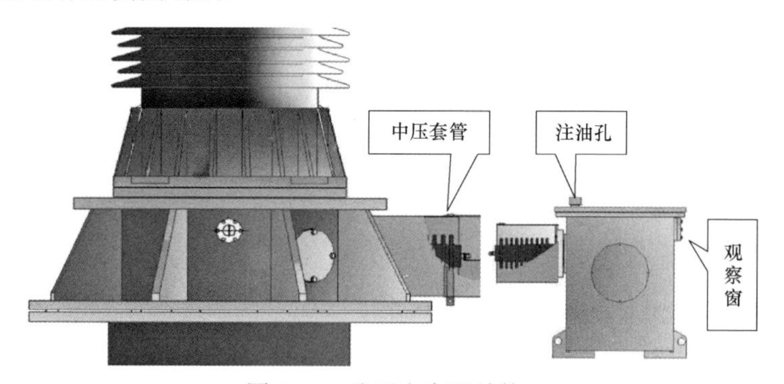

图 4－4　分压电容器结构

4.1.4　电磁单元结构

电磁单元内部包含中压变压器、补偿电抗器、阻尼器等，电磁单元结构如图 4－5 所示。电容式电压互感器电磁单元采用方形油箱，中压套管从侧面引出，与分压电容器下节侧面引出的中压套管连接。

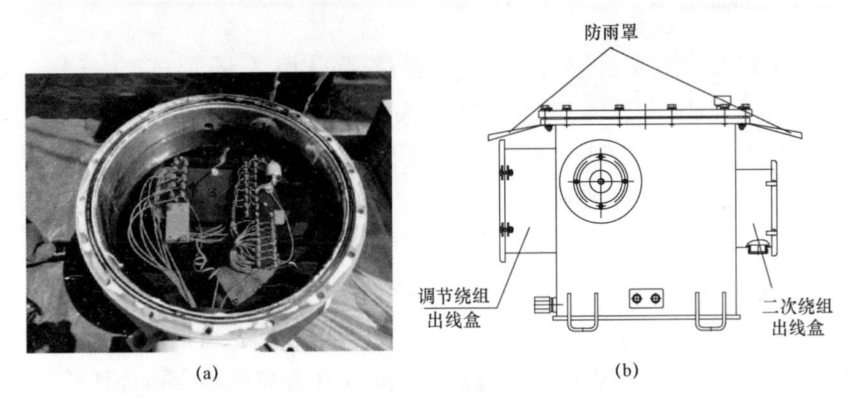

图 4－5　电磁单元结构

（a）现场实物图；（b）结构图

一次端子盒内为所有调节绕组引出端子，用于调节互感器误差。补偿电抗器保护避雷器采用外置结构，引出到一次端子盒，一次末屏 X 端子在此端子盒引出，与二次端子完全隔离（见图 4－6）。二次端子盒内为二次接线端子。在每个出线盒上方都安装有防雨罩，防止端子盒内部进水。

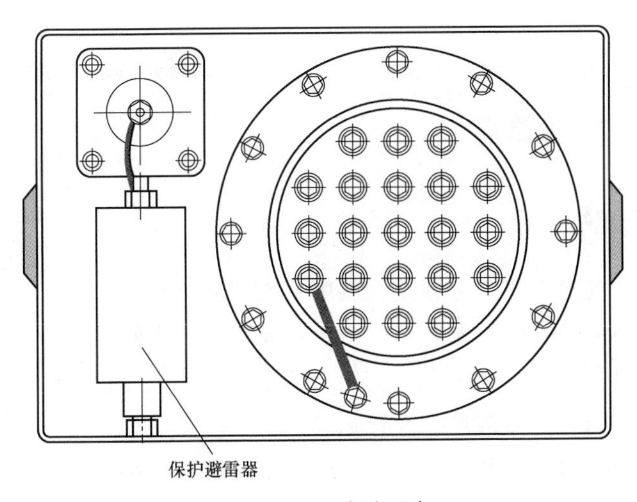

图 4－6　一次端子盒

4.2 1000kV 电压互感器运行维护

4.2.1 运行规定

（1）1000kV 电压互感器根据安装位置采用不同形式的产品。我国 110kV 及以上高压电压互感器以电容式电压互感器为主，1000kV 母线电压互感器为 GIS 用的电磁式罐式电压互感器，一般在 B 相装设 1 台。1000kV 线路电压互感器为独立外置电容式电压互感器，运行中的互感器应保持微正压。

（2）电压互感器严禁短路。电压互感器是一个内阻极小的电压源，正常运行时负荷阻抗很大，相当于开路状态，二次侧仅有很小的负荷电流，当二次侧短路时，负荷阻抗为零，将产生很大的短路电流，电压互感器将会被烧坏。

（3）电压互感器发生以下情况之一时，应立即申请调度退出运行：

1）外绝缘严重裂纹、破损，互感器有严重放电，已经威胁安全运行时。

2）内部有严重异声、异味、冒烟或着火。

3）油浸式互感器严重漏油，看不到油位。

4）电容式电压互感器电容分压器出现漏油。

5）互感器本体或引线端子有严重过热。

6）膨胀器永久性变形或漏油。

7）电压互感器接地端子 N（X）开路、二次线路短路，不能消除。

4.2.2 巡视和操作常规

4.2.2.1 例行巡视项目

（1）外绝缘表面完整，无裂纹、放电痕迹、老化迹象。

（2）各连接引线及接头无发热、变色迹象，引线无断股、散股。

（3）金属部位无锈蚀；底座、支架、基础牢固，无倾斜变形。

（4）无异常振动、异常声响及异味。

（5）二次接线盒关闭紧密，电缆进出口密封良好；端子箱门关闭良好。

（6）均压环完整、牢固，无异常可见电晕。

（7）电容式电压互感器的电容分压器及电磁单元无渗漏油。

（8）电容式电压互感器电容分压器各节之间防晕罩连接可靠。

（9）接地标识、设备铭牌、设备标识牌、相序标注齐全、清晰。

（10）原存在的设备缺陷是否有发展趋势。

4.2.2.2　全面巡视项目

全面巡视应在例行巡视的基础上增加以下项目：

（1）端子箱内各空气开关投退正确，二次接线名称齐全，引接线端子无松动、过热、打火现象，接地牢固可靠。

（2）端子箱内孔洞封堵严密，照明完好，电缆标牌齐全完整。

（3）端子箱门开启灵活、关闭严密，无变形、锈蚀，接地牢固，标识清晰。

（4）端子箱内部清洁，无异常气味、受潮凝露现象；驱潮加热装置运行正常，加热器按要求正确投退。

4.2.2.3　熄灯巡视项目

（1）引线、接头无放电、发红、严重电晕迹象。

（2）外绝缘套管无闪络、放电。

4.2.2.4　特殊巡视项目

（1）异常天气时的巡视项目。

1）气温骤变时，检查引线无异常受力，是否存在断股，接头部位无发热现象；各密封部位无漏气、渗漏油现象；端子箱无凝露现象。

2）大风、雷雨、冰雹天气过后，检查导引线无断股、散股迹象，设备上无飘落积存杂物，外绝缘无闪络放电痕迹及破裂现象。

3）雾霾、大雾、毛毛雨天气时，检查外绝缘无沿表面闪络和放电，重点监视污秽瓷质部分，必要时夜间熄灯检查。

4）覆冰天气时，检查外绝缘覆冰情况及冰凌桥接程度，不出现伞裙放电现象。

5）大雪天气时，应根据接头部位积雪融化迹象检查是否发热，及时清除导引线上的积雪和形成的冰柱。

（2）故障跳闸后的巡视。故障范围内重点检查电压互感器导线有无烧伤、断股，油位、油色等是否正常，有无喷油异常情况等，绝缘子有无污闪、破损现象。

4.2.2.5 操作注意事项

（1）电压互感器退出时，应先断开二次空气开关（或取下二次熔断器），后拉开高压侧隔离开关；投入时顺序相反。

（2）不同电压等级的电压互感器二次禁止并列。同一电压等级的电压互感器只有在一次并列后二次才允许并列。但电压互感器二次不宜长期并列运行。

（3）TV 二次拆动或改动过接线时，必须经过校核，其相位正确后方可操作并列。

（4）电压互感器停用前，应注意下列事项：

1）按继电保护和自动装置有关规定要求变更运行方式，防止继电保护误动。

2）将二次回路主熔断器或自动开关断开，防止电压反送。

（5）严禁就地用隔离开关或高压熔断器拉开有故障（油位异常升高、喷油、冒烟、内部放电等）的电压互感器。

（6）电压互感器停电时，应注意对继电保护、自动装置的影响，采取相应的措施，防止误动、拒动。

4.2.3 运行维护

4.2.3.1 二次熔断器、空气开关更换维护

【案例】某年 4 月 20 日，运维人员检查监控机信息时发现××线路电压数据显示偏差较以往小。

【处理方法】

（1）运行中电压互感器二次回路熔断器熔断、空气开关损坏时，应立即进行更换，并注意二次交流电压消失对继电保护、自动装置的影响，采取相应的措施，防止误动、拒动。

（2）更换前应做好安全措施，防止交流二次回路短路或接地。

（3）更换时，应采用型号、技术参数一致的备品。

（4）更换后，应立即检查相应的电压指示，确认电压互感器二次回路是否恢复正常。存在异常时按照缺陷流程处理。

4.2.3.2　电压互感器异常声响处理

【案例】 某年 4 月 20 日，运维人员巡视发现电压互感器（见图 4－7）声响与正常运行时相比有明显增大且伴有各种噪声。

【处理方法】

（1）现场检查时，若 CVT 内部伴有较大嗡嗡声时，在 CVT 端子箱内测量二次空气开关上口电压是否正常（见图 4－8）。若二次电压异常，可按照二次电压异常处理。

图 4－7　电压互感器

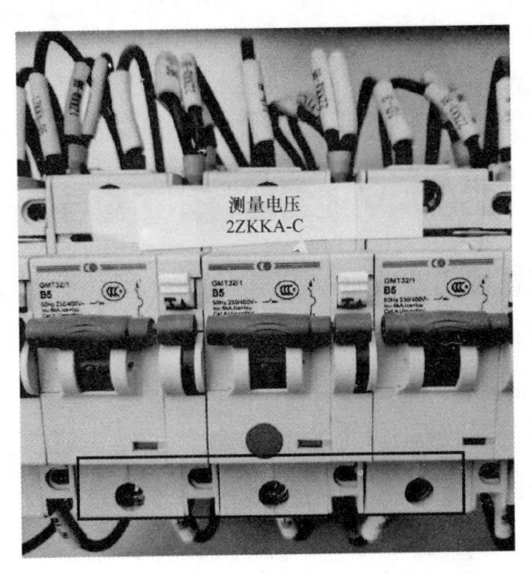

图 4－8　二次空气开关测量端子

（2）声响比平常增大而均匀时，检查是否是由过电压、铁磁谐振、谐波作用引起的，应汇报值班调控人员并联系检修人员进一步检查。内部伴有噼啪放电声响时，可判断为本体内部故障，应立即汇报值班调控人员申请停运处理。

（3）外部伴有噼啪放电声响时，应检查外绝缘表面是否有局部放电或电晕，若因外绝缘损坏造成放电，应立即汇报值班调控人员申请停运处理。

（4）若异常声响较轻，不需立即停电检修的，应加强监视，按缺陷处理流程上报。

第5章

1000kV 避雷器

5.1 1000kV 避雷器结构特点

避雷器的作用是保护变电设备免受雷电过电压和操作过电压损坏。

5.1.1 1000kV 避雷器整体结构与原理

避雷器由非线性金属氧化物电阻片叠加组装，密封于高压瓷套内，无任何放电间隙。在正常运行电压下，避雷器呈高阻绝缘状态；当受过电压冲击时，避雷器呈低阻状态，迅速泄放冲击电流入地，将与其并联的电气设备上的电压限制在规定值，以保证电气设备的安全运行。避雷器一般设有压力释放装置，当其在超负荷动作或发生意外损坏时，内部压力剧增，使其压力释放装置动作，排出气体。

1000kV 避雷器的整体结构为直立式，主要由接线板、均压环、电气元件、绝缘底座、场强屏蔽环（电极）等几大部分组成。其突出特点是结构高度高、体积直径大、质量重等。根据目前的设计，1000kV 避雷器高度均在 12m 以上，均压环直径约 3.8m，瓷外套最大伞径约 8m，总质量最重的达到了 10t 左右，1000kV 避雷器结构示意图如图 5－1 所示。

5.1.2 1000kV 避雷器结构特点

5.1.2.1 芯体结构

避雷器的芯体主要由电阻片、支撑绝缘杆、均压电容、金属固定件和隔弧筒等部分组成。1000kV 电压等级的避雷器均采用 4 柱并联结构。电阻片的固定通常采用特殊设计的绝缘杆和固定电极来实施。除采取合适的均压环外，还须在电阻片旁并联适当数量和合适电容量的均压电容柱。在电阻片柱和瓷套之间有时会加装隔弧筒，其目的是使避雷器获得更好的防爆能力。

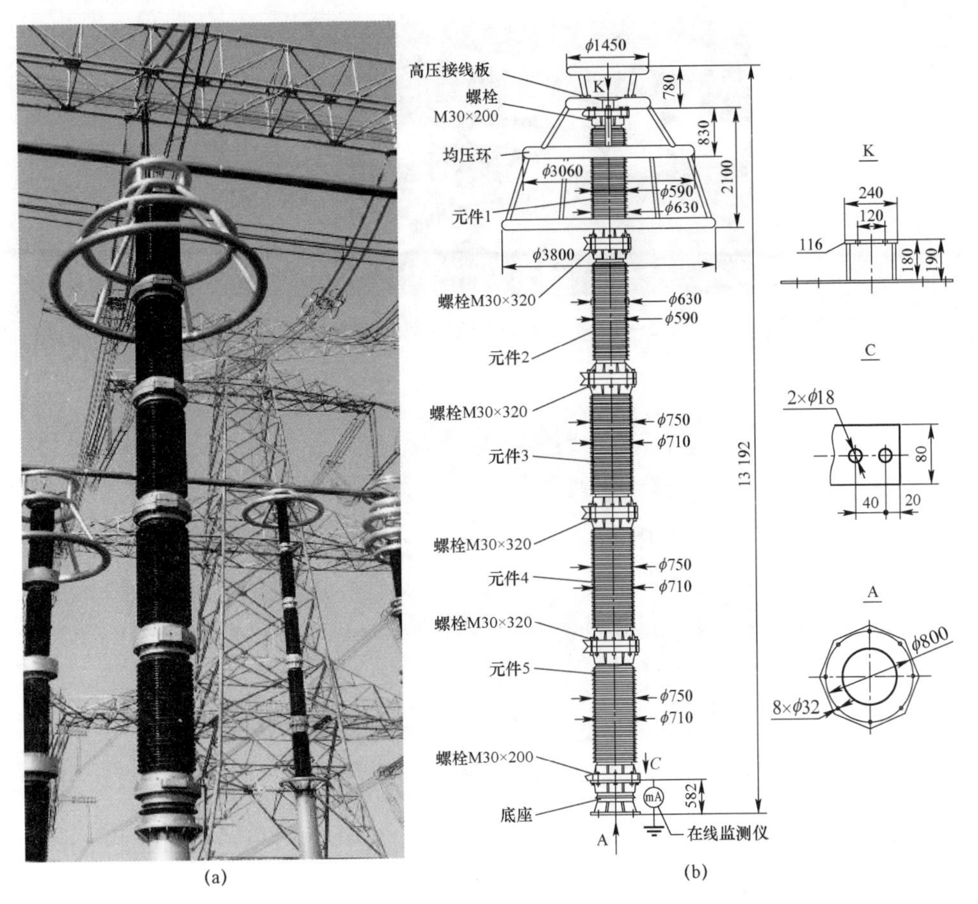

图 5－1　1000kV 避雷器结构示意图

（a）示意图；（b）结构图

5.1.2.2　电阻片

电阻片的选择主要基于保护水平、通流容量和负荷能力等方面的要求。两次操作动作吸收的总能量要求大于 40MJ。工频暂时过电压水平母线侧为 1.3 标幺值，线路侧为 1.4 标幺值。典型的电阻片为 ϕ 136/54 × 22mm 的环状电阻片。

金属氧化物电阻片的原材料包括氧化锌、氧化铋、氧化锑、氧化钴、氧化硅、氧化铬、碳酸锰、银玻璃粉、硝酸铝等，不同规格的金属氧化物电阻片见图 5－2。主体由氧化锌晶粒（直径 5～10μm）、晶界层和尖晶石（直径 1μm 左右）三部分组成，此外还有些许气孔（约 5μm）（见图 5－3）。

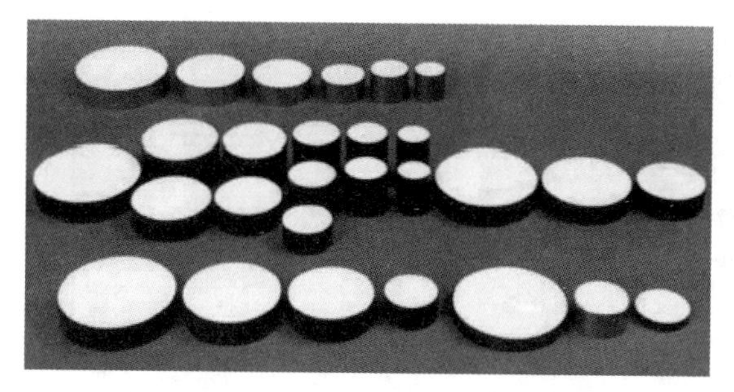

图 5-2　不同规格的金属氧化物电阻片

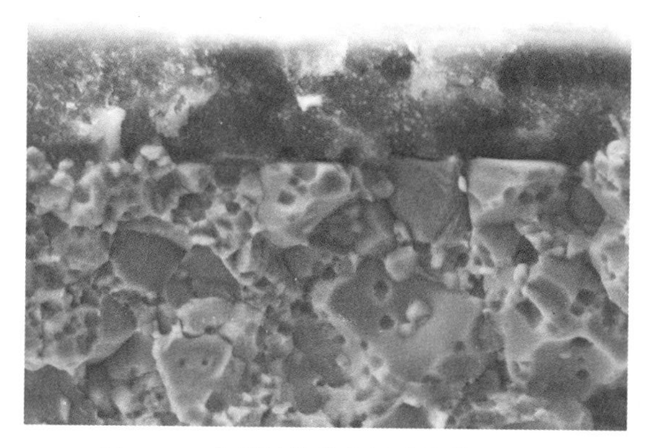

图 5-3　金属氧化物电阻片的微观结构

氧化锌晶粒的电阻率为 1～10Ω·cm，晶界层的电阻率大于 1010Ω·cm，正常运行情况下施加在电阻片上的电压几乎全部加在了晶界层上，从而呈现高阻状态，而一旦晶界层导通，则电阻片通过氧化锌晶粒呈低阻状态。因此金属氧化物电阻片表现为极好的非线性伏安特性。1000kV 避雷器伏安特性曲线见图 5-4。

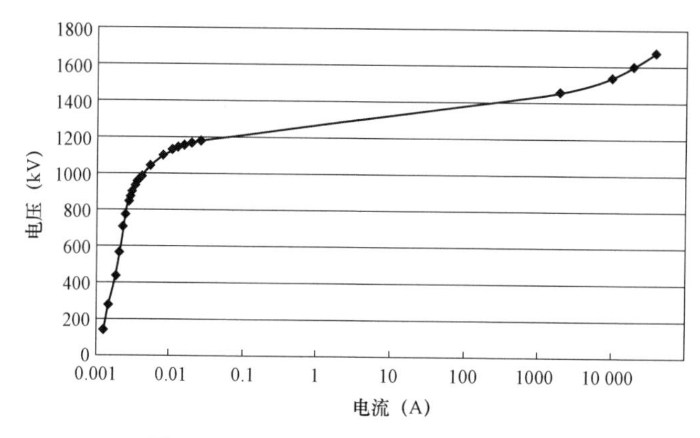

图 5-4　1000kV 避雷器伏安特性曲线

5.1.2.3　压力释放结构

根据 GB 11032—2000《交流无间隙金属氧化物避雷器》标准要求，额定电压 42kV 以上的金属氧化物避雷器要求有压力释放结构。通常压力释放结构由隔弧筒、压力释放板、压力释放排气口等组成。性能可靠的压力释放装置将保证即使避雷器发生内部短路故障也不会导致瓷外套恶性爆炸。压力释放板通常使用环氧玻璃布单面复铜箔板，必须具备合适的机械强度。

5.1.2.4　绝缘结构

避雷器的绝缘结构分为外绝缘结构和内绝缘结构。其中，外绝缘结构的影响因素主要有避雷器瓷套的干弧距离、爬电比距、伞裙结构等。干弧距离是影响避雷器外绝缘工频、雷电冲击、操作冲击耐受水平的重要因素。爬电比距和伞裙的结构对避雷器耐污能力起决定作用。内绝缘结构包括电阻片侧面、内瓷壁、绝缘棒（筒）、内充（绝缘）气体等。避雷器内部充以微正压的 SF_6 气体或氮气以形成微正压结构，有利于避免潮气侵入，提高内绝缘水平。

5.1.2.5　密封结构

密封结构看似简单但对避雷器的质量影响极大，据统计瓷外套式避雷器的事故中属于密封问题的超过了 50%。通常瓷外套式避雷器均是通过盖板压紧密封圈进行密封的。影响密封效果的因素包括密封圈质量、密封面的粗糙度（需做精细加工）、密封圈的表面涂层（密封胶）以及密封装配工艺等。

5.1.2.6　均压结构

均压结构用于改善避雷器的纵向电压分布，主要用以下三种措施解决问题：① 增大电阻片主电容；② 在避雷器顶端装设均压环；③ 在避雷器内部电阻片旁加装并联均压电容器。三种方法的目的是相同的，都是减小避雷器对地杂散电容对电压分布的影响程度。

5.1.2.7　机械结构

通常可采取以下几种方法来改善避雷器的抗振强度：

（1）用高强度铝质瓷代替硅质瓷。

（2）增大瓷套根部断面以减小瓷套根部应力。

（3）采用更大的端部胶装深度。

（4）采取适当的减振措施。

5.2　1000kV 避雷器运行维护

5.2.1　运行规定

（1）避雷器应安装交流泄漏电流在线监测表计，在投入运行时，记录一次测量数据，作为原始数据记录。

（2）定期抄录避雷器动作次数及泄漏电流，当泄漏电流指示异常时，应缩短巡视周期，及时查明原因。

（3）事故和雷雨后，应对避雷器进行重点检查。

（4）金属氧化物避雷器法兰应设置有效排水孔。

（5）为了提高瓷外套避雷器的耐污水平，可以在外套表面涂刷 RTV 涂料，但严禁对避雷器设备加装防污伞裙。

5.2.2　巡视规定

5.2.2.1　例行巡视项目

（1）引流线无松股、断股和弛度过紧及过松现象；接头无松动、发热或变色现象。

（2）均压环无位移、变形、锈蚀现象，无放电痕迹。

（3）瓷套部分无裂纹、破损、放电现象。

（4）密封结构金属件和法兰盘无裂纹、锈蚀；压力释放导向装置封闭完好且无异物。

（5）底座固定牢固，整体无倾斜；接地引下线连接可靠。

（6）运行时无异常声响。

（7）泄漏电流在线监测装置外观完整、密封良好、连接紧固，表计指示正常，数值无超标；放电计数器完好，内部无受潮。

5.2.2.2 全面巡视项目

全面巡视在例行巡视的基础上增加记录避雷器泄漏电流的指示值及动作计数器的指示数，并与历史数据进行比较。

5.2.2.3 熄灯巡视项目

（1）引线、接头无放电、发红、严重电晕迹象。

（2）外绝缘无闪络、放电。

5.2.2.4 特殊巡视项目

（1）异常天气时的巡视。

1）大风、沙尘、冰雹天气后，检查引线连接应良好，无异常声响，垂直安装的避雷器无严重晃动，户外设备区域有无杂物、漂浮物等。

2）雾霾、大雾、毛毛雨天气时，检查避雷器是否有放电情况，电晕是否显著增大，重点监视污秽瓷质部分，必要时夜间熄灯检查。

3）覆冰天气时，检查外绝缘覆冰情况及冰凌桥接程度，不出现伞裙放电现象。

4）大雪天气，检查引线积雪情况，为防止套管因过度受力引起套管破裂等现象，应及时处理引线上的积雪和冰柱。

（2）雷雨天气及系统发生过电压后的巡视。

1）检查外部是否完好，有无放电痕迹。

2）检查泄漏电流表、计数器外壳完好，无进水。

3）与避雷器连接的导线及接地引下线有无烧伤痕迹或断股现象。

4）记录放电计数器的放电次数，判断避雷器是否动作。

5）记录泄漏电流的指示值，检查避雷器泄漏电流变化情况。

5.3 避雷器泄漏电流检测

5.3.1 周期要求

1000kV 避雷器运维单位检测周期为 3 个月，每年雷雨季节来临前安排 1 次。

5.3.2 注意事项

（1）测试期间，仪器必须可靠接地。

（2）先开机，再接信号线。此顺序不能颠倒。

（3）短接避雷器泄漏电流表时，泄漏电流表指针应回零。

（4）如果电流信号线长度不够，可分相进行测试并记录数值。

（5）测量时应记录环境温度、相对湿度和运行电压，应注意瓷套表面状况的影响及相间干扰的影响。

（6）应选取电压互感器计量回路二次端子电压信号，并设专人监护、核对回路号。

（7）从电压互感器获取电压信号时应防止二次回路短路、接地，应在二次小空气开关的负荷侧取样，取样前必须用万用表检查并确认电压信号线绝缘良好。

（8）在避雷器泄漏电流表处接、拆线时注意戴绝缘手套。

（9）电流、电压信号线要固定牢固，防止因拖拽造成脱落或短路。

（10）如遇雷、雨、雪、雾不得进行工作；风力大于5级时，不宜进行工作。

（11）禁止从电压互感器保护用端子取信号。

5.3.3 测试流程

（1）测试前准备。

1）将仪器可靠接地，测量仪器接地示意图如图5－5所示。

2）检查电压信号线完好，用万用表测量电压线相间不导通，防止造成电压互感器二次侧短路或接地。

3）打开仪器，使仪器处于待机状态。

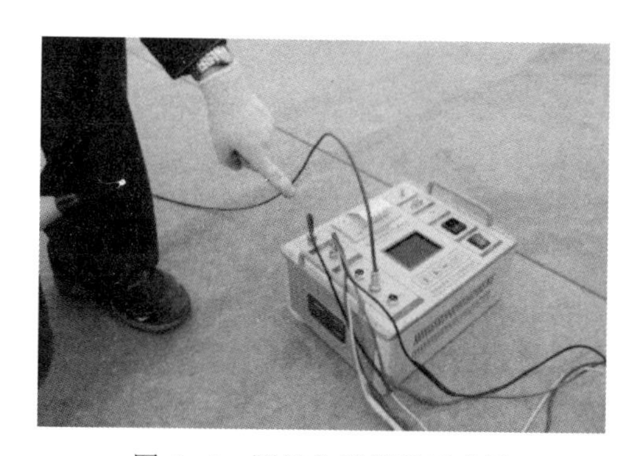

图5－5　测量仪器接地示意图

4）安装好仪器侧电压信号线和电流信号线。

（2）仪器设置。

1）在开机界面，按“→”键，移动蓝底光标至“电压基准法”，按红色“启/停”按钮进入该菜单（见图5－6）。

2）移动光标至“U_x”“I_x”，按红色“启/停”按钮，将其设置为“有线”模式。

3）移动光标至“补偿”，将其设置为“关”。

（3）连接避雷器侧电流信号线。

1）观察泄漏电流表指针不为零。

2）用黄色（或绿色或红色）小钳子夹住泄漏电流表的避雷器侧铜排，接线时注意戴绝缘手套。

3）观察泄漏电流表指针是否归零。

避雷器侧电流信号线接线过程如图 5-7 所示。

图 5-6　测试仪器设置

图 5-7　避雷器侧电流信号线接线过程

（4）连接电压互感器端子箱内的电压信号线。

1）在电压互感器端子箱端子排上找到计量回路的 A、B、C、N 端子。

2）分别测量 A、B、C 三相端子对 N 电压为 60V 左右。

3）确认无误后，进行接线，接线时注意先接 N 端。

（5）操作仪器进行测试。

1）按“→”键，移动蓝底光标至“启动”，按红色“启/停”按钮开始测试。

2）数据稳定后，移动蓝色光标至数据栏（即数据框由白边变为蓝边），按红色“启/停”按钮开始打印。

（6）拆除接线结束测试。

1）拆除电压互感器端子箱内电压信号线，注意 N 端最后拆除。

2）拆除避雷器侧电流信号线，注意泄漏电流表的接地侧黑色钳子最后拆除，拆线时应戴绝缘手套。

3）拆除仪器侧电流信号线和电压信号线。

4）仪器关机。

5）拆除仪器接地线。

6）记录测试时的温度和湿度。

5.3.4 结果分析

（1）规程要求。

1）测量运行电压下的全电流、阻性电流或功率损耗，测量值与初始值比较，不应有明显变化，当阻性电流增加 1 倍时，必须停电检查。

福建省普华电子科技有限公司
PH2803型氧化锌避雷器带电测量仪
A相
Ix:0.000 Ixp:0.000 Ir1p:0.000
Ir:0.000 Irp:0.000 Ir3p:0.000
Ic:0.000 Icp:0.000 Ir5p:0.000
Ux:60.16 Ux3: 0.07 Ir7p:0.000
Φ: 0.00°
B相
Ix:10.720 Ixp:15.826 Ir1p:1.76
2
Ir:1.246 Irp:1.840 Ir3p:0.033
Ic:10.647 Icp:15.718 Ir5p:0.02
5
Ux:59.93 Ux3: 0.14 Ir7p:0.020
Φ: 83.32°
C相
Ix:0.000 Ixp:0.000 Ir1p:0.000
Ir:0.000 Irp:0.000 Ir3p:0.000
Ic:0.000 Icp:0.000 Ir5p:0.000
Ux:60.37 Ux3: 0.04 Ir7p:0.000
Φ: 0.00°
2017/01/09,16:49

图 5－8　测试打印报告

2）当阻性电流增加到初始值的 150%时，应适当缩短检测周期。

（2）数据分析。测试打印报告如图 5－8 所示，I_x 为全电流，I_r 为阻性电流，I_c 为容性电流，I_{r1p} 为阻性电流基波分量，一般取 I_x 和 I_{r1p} 与历史值比较。

1）纵向比较：与前次或初始值比较，阻性电流初值差不应大于 50%，全电流初值差不应大于 20%。

2）同一厂家、同一批次、同相位的产品，避雷器各参数大致应相同，彼此应无显著差异。

3）综合分析：当怀疑避雷器泄漏电流存在异常时，应排除各种因素的干扰，并结合红外精确测温、高频局部放电测试结果进行综合分析判断，必要时应展开停电诊断试验。

第6章 特高压变电站二次系统

6.1 继电保护系统

6.1.1 继电保护系统简介

继电保护系统为电网一次设备提供可靠的保护，系统发生故障时，可将故障部分及时切除，保障电网设备安全运行。继电保护系统主要包括继电保护装置、接口设备、保护用光缆、网线、全站与保护设备相关的二次回路等。继电保护装置包含线路保护、变压器保护、断路器保护、母线保护、电容器保护、电抗器保护、站用变压器保护等。

6.1.2 线路保护

6.1.2.1 线路保护配置方案

线路保护一般配置两套不同厂家、不同原理互不干涉无电气联系的装置，两套线路保护均采用光纤纵联差动保护作为主保护，分别使用独立的直流电源、交流电流电压回路和通信通道。线路保护是以纵联电流差动（分相电流差动和零序电流差动）为主保护的全线速动保护。装置还设有快速距离保护、三段式相间、接地距离保护、零序方向过电流保护，保护装置分相跳闸出口。线路保护范围及动作结果如表6－1所示。

表6－1　线路保护范围及动作结果

类型	保护名称	保护范围	动作结果（以调度定值为准）
差动保护	电流差动保护	线路全长	跳线路开关；发动作信号

续表

类型	保护名称	保护范围	动作结果（以调度定值为准）
后备保护	相间距离Ⅱ段	线路全长及下一段线路的一部分	跳线路开关；发动作信号
	相间距离Ⅲ段	线路全长及下一段线路全长并延伸至再下一段线路的一部分	跳线路开关；发动作信号
	接地距离Ⅱ段	线路全长及下一段线路的一部分	跳线路开关；发动作信号
	接地距离Ⅲ段	线路全长及下一段线路全长并延伸至再下一段线路的一部分	跳线路开关；发动作信号
	零序过电流Ⅲ段	保护线路全长并延伸到相邻线路	跳线路开关；发动作信号
	零序加速段	线路全长	跳线路开关；发动作信号

6.1.2.2 装置结构特点

线路保护采用统一的硬件平台，其优点在于可以利用相同的硬件结构实现不同的保护功能。即基于该平台开发的保护装置，在交流量、开入量、开出量等外部输入输出和数据处理、通信处理方面具有相同的原理，只需少许改变装置输入输出端子定义，就可实现不同的保护功能。装置采用背插式模件结构，具有强弱电分离、功能独立等优点。

6.1.2.3 主变压器保护配置方案

主变压器配置两套电气量保护和一套非电气量保护，电气量保护包含完整的主、后备保护功能。不同厂家的电气量保护功能配置稍有差别。主变压器电气量保护功能配置如图 6－1 所示。

（1）纵联差动保护包括纵联差动速断保护、纵联稳态比率差动保护、纵联故障量差动保护。

（2）低压侧小区稳态比率差动保护。该项功能按照定值设置退出运行。

（3）分侧稳态比率差动保护。

（4）后备保护包括相间阻抗保护、接地阻抗保护、复压闭锁过电流保护、零序（方向）过电流保护、过励磁保护、过负荷告警、TA 断线告警、TV 断线告警。

主变压器电气量保护范围及动作结果如表 6－2 所示。

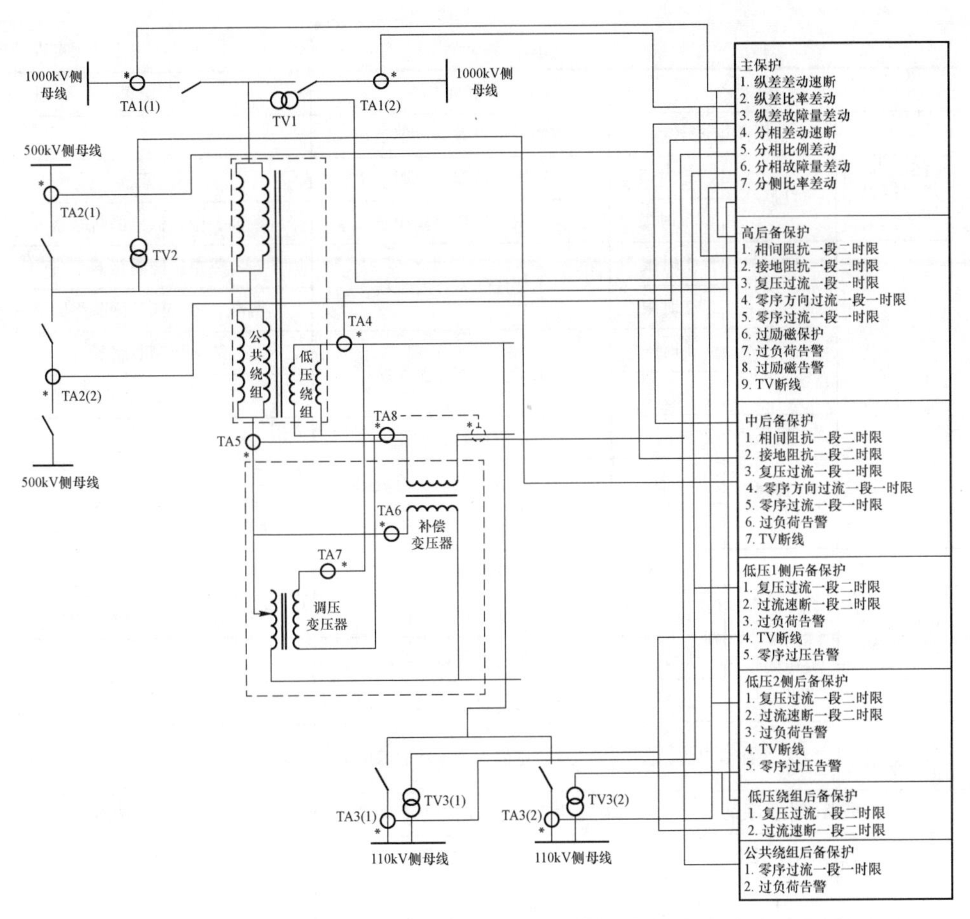

图 6-1　主变压器电气量保护功能配置

表 6-2　　主变压器电气量保护范围及动作结果

保护功能			保护范围	动作结果
主保护	纵联差动保护		主变压器断路器 TA 以内	跳高、中、低三侧断路器
	分侧差动保护		高、中压侧断路器 TA 及公共绕组套管 TA 以内	
高压侧后备保护	相间阻抗	1 时限	主变压器本体及系统	跳高压侧断路器
		2 时限		跳高、中、低三侧断路器
	接地阻抗	1 时限	主变压器本体及系统	跳高压侧断路器
		2 时限		跳高、中、低三侧断路器
	零序过电流	Ⅰ段	按照定值设置该功能退出	
		Ⅱ段	主变压器本体及系统	跳高、中、低三侧断路器

续表

<table>
<tr><th colspan="3">保护功能</th><th>保护范围</th><th>动作结果</th></tr>
<tr><td rowspan="3">高压侧
后备保护</td><td colspan="2">复压闭锁过电流</td><td>按照定值设置该功能退出</td><td></td></tr>
<tr><td rowspan="2">过励磁</td><td>定时限</td><td>主变压器过励磁</td><td>报警</td></tr>
<tr><td>反时限</td><td>主变压器过励磁</td><td>跳高、中、低三侧断路器</td></tr>
<tr><td rowspan="7">中压侧
后备保护</td><td rowspan="2">相间阻抗</td><td>1 时限</td><td rowspan="2">主变压器本体及系统</td><td>跳中压侧断路器</td></tr>
<tr><td>2 时限</td><td>跳高、中、低三侧断路器</td></tr>
<tr><td rowspan="2">接地阻抗</td><td>1 时限</td><td rowspan="2">主变压器本体及系统</td><td>跳中压侧断路器</td></tr>
<tr><td>2 时限</td><td>跳高、中、低三侧断路器</td></tr>
<tr><td colspan="2">复压闭锁过电流</td><td>按照定值设置该功能退出</td><td></td></tr>
<tr><td rowspan="2">零序过
电流</td><td>Ⅰ段</td><td>按照定值设置该功能退出</td><td></td></tr>
<tr><td>Ⅱ段</td><td>主变压器本体及系统</td><td>跳高、中、低三侧断路器</td></tr>
<tr><td rowspan="4">低压侧 1、2
分支及低压
绕组后备
保护</td><td rowspan="2">过电流</td><td>1 时限</td><td>主变压器低压侧</td><td>跳低压侧断路器</td></tr>
<tr><td>2 时限</td><td>主变压器低压侧</td><td>跳高、中、低三侧断路器</td></tr>
<tr><td rowspan="2">复压闭锁
过电流</td><td>1 时限</td><td>按照定值设置该功能退出</td><td></td></tr>
<tr><td>2 时限</td><td>按照定值设置该功能退出</td><td></td></tr>
<tr><td>公共绕组
后备保护</td><td colspan="2">零序过电流</td><td>按照定值设置该功能退出</td><td></td></tr>
<tr><td colspan="3">断路器失灵联跳</td><td>主变压器三侧断路器失灵</td><td>跳高、中、低三侧断路器</td></tr>
<tr><td colspan="3">低压侧零序过电压</td><td>主变压器低压侧</td><td>报警</td></tr>
<tr><td colspan="3">过负荷</td><td>主变压器过负荷</td><td>报警</td></tr>
</table>

6.1.2.4 调压补偿变压器保护配置方案

调压补偿变压器配置两套电气量保护和一套非电气量保护，电气量保护包含调压变压器差动保护和补偿变压器差动保护。调压补偿变压器电气量保护配置如图 6-2 所示。

（1）调压变压器纵联差动保护包括稳态比率差动保护和故障量差动保护。

（2）补偿变压器纵联差动保护包括稳态比率差动保护和故障量差动保护。

6.1.2.5 装置结构特点

变压器保护采用统一的硬件平台，其优点在于可以利用相同的硬件结构实现不同的保护功能。基于该平台开发的保护装置，在交流量、开入量、开出量

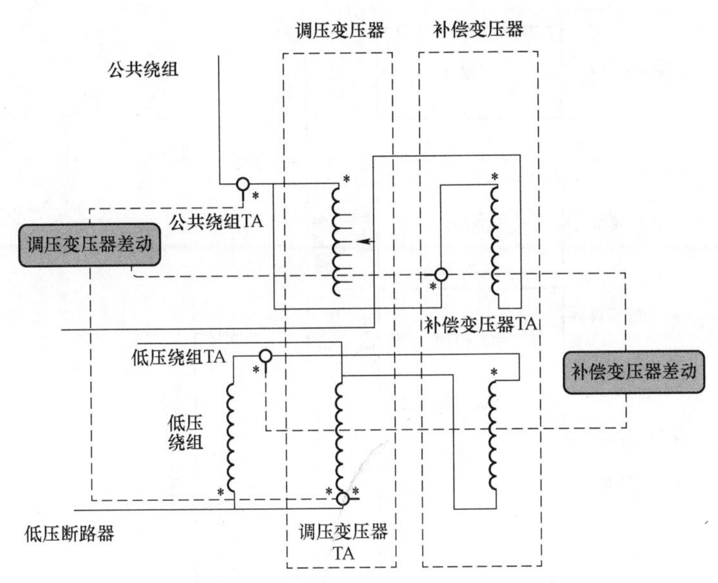

图 6-2　调压补偿变压器电气量保护配置

等外部输入输出和数据处理、通信处理方面具有相同的原理，只需少许改变装置输入输出端子定义，就可实现不同的保护功能。具有强弱电分离、功能独立等优点。变压器保护装置结构如图 6-3 所示。

AC 交流模件将采入的电流、电压量转换为小电压信号并经低通滤波后分别进入 CPU1 和 CPU2。经 AD 转换后，进入主控模件进行保护逻辑运算及出口跳闸，同时完成事件记录、与人机对话模件 MMI 的通信。主控模件 1 和主控模件 2 是完全相同的模件，均具有独立的 AD 转换通道、定值程序储存区，可单独进行保护计算。主控模件 1 和主控模件 2 设置成双机主后一体并行工作。出口跳闸板设有互锁回路，当主控模件 1 和主控模件 2 并行工作时，只有主控模件 1 和主控模件 2 同时出口发跳闸命令，跳闸继电器才能启动，主控模件双机主后一体并行工作原理如图 6-4 所示。

6.1.2.6　非电量保护配置方案

单套装置可实现主变压器和调压补偿变压器的非电气量保护，直跳回路由硬件回路完成，开入量采集及延时功能由软件实现。可分别配置为需要跳闸的非电量保护与只需信号的非电量保护。

非电量保护功能配置如表 6-3 所示。

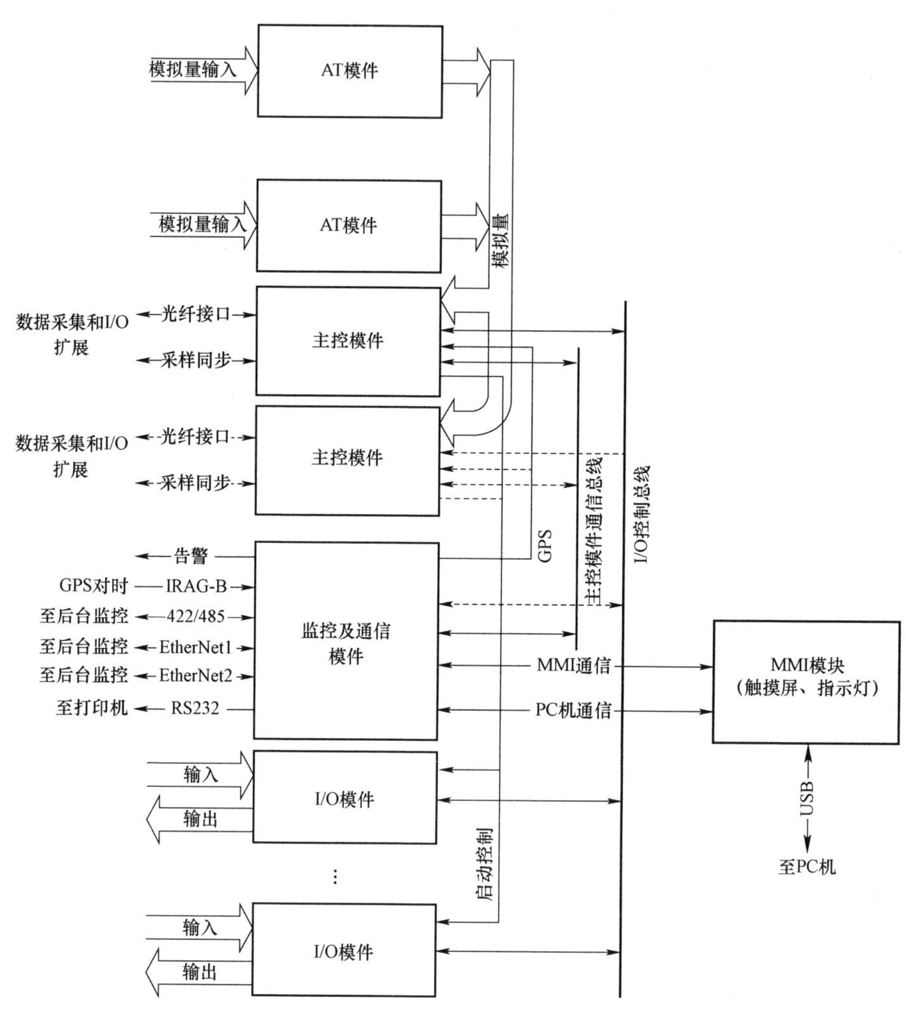

图 6-3　变压器保护装置结构

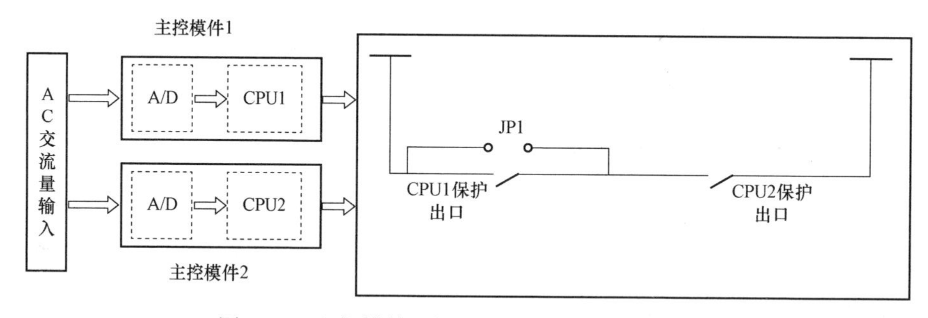

图 6-4　主控模件双机主后一体并行工作原理图

表 6-3　　非电量保护装置功能配置

保护配置	保护范围	动作结果
重瓦斯跳闸	主变压器本体内各种故障	跳高、中、低三侧断路器，发动作信号（除重瓦斯保护外，其他保护按定值要求，只投信号）
油温高跳闸	主变压器内部油温过高	
冷却器全停延时跳闸	冷却器系统故障	
绕组温高跳闸	主变压器内部绕组温度过高	
压力释放阀动作跳闸	本体内部故障	
压力突变跳闸	本体内部故障	
油温高报警	主变压器内部油温过高	发告警信号
绕组温高报警	主变压器内部绕组温度过高	
油位异常报警	主变压器油位异常	
关闭阀（储油柜与气体继电器的止回阀）报警	变压器油严重渗漏时，止回阀自动关闭，切断储油柜与本体之间的通路	
轻瓦斯报警	主变压器本体内各种故障	
高压套管油压低报警	高压套管油压低报警	
高压套管油压高报警	高压套管油压高报警	

6.1.3 线路高压并联电抗器保护

线路高压并联电抗器配置两套电气量保护和一套非电气量保护装置，其保护范围及动作结果如表 6-4 所示。

表 6-4　　线路高压并联电抗器保护范围及动作结果

类型	保护名称	保护范围	动作结果
电量保护	差动保护	高压并联电抗器套管 TA 以内	跳线路断路器，发远跳；发动作信号
	差动速断保护	高压并联电抗器套管 TA 以内	跳线路断路器，发远跳；发动作信号
	匝间保护	高压并联电抗器绕组	跳线路断路器，发远跳；发动作信号
	主高压并联电抗器过电流保护	高压并联电抗器绕组	跳线路断路器，发远跳；发动作信号
	零序过电流保护	高压并联电抗器绕组	跳线路断路器，发远跳；发动作信号
	小电抗过电流保护	高压并联电抗器绕组	跳线路断路器，发远跳；发动作信号
	主电抗过负荷保护	高压并联电抗器绕组	发告警信号

续表

类型	保护名称		保护范围	动作结果
非电量保护	主电抗	本体重瓦斯	高压并联电抗器本体内各种故障	跳线路断路器，发远跳；发动作信号
		压力释放	本体内部故障，引起压力过高	投入连接片后跳闸，不投只发告警信号，正常情况连接片不投
		油温高	本体内部故障，引起油温升高	本体油温高，一级告警发信号、二级告警跳闸，正常跳闸连接片不报，只告警
		绕组温度高	绕组故障，引起绕组温度升高	绕组故障，一级告警发信号、二级告警跳闸，正常跳闸连接片不报，只告警
		本体轻瓦斯	本体内部轻微故障，高压并联电抗器内部产生少量气体	发告警信号
		油位异常	反映高压并联电抗器储油柜油位	油位过高、过低时会发告警信号
	小电抗	小电抗重瓦斯	小电抗内各种故障（一般在系统接地或三相不平衡时小电抗可能发生内部故障）	跳线路断路器，发远跳；发动作信号
		压力释放	小电抗内部故障，引起压力过高	投入连接片后跳闸，不投只发告警信号，正常情况连接片不投
		油温高	小电抗内部故障，引起油温升高	本体油温高，一级告警发信号、二级告警跳闸，正常跳闸连接片不报，只告警
		绕组温度高	小电抗绕组故障，引起绕组温度升高	绕组故障，一级告警发信号、二级告警跳闸，正常跳闸连接片不报，只告警
		本体轻瓦斯	小电抗内部轻微故障，内部产生少量气体	发告警信号
		油位异常	反映小电抗储油柜油位	油位过高、过低时发告警信号

高压并联电抗器电气量保护功能配置如表 6－5 所示。

表 6－5　　高压并联电抗器电气量保护功能配置

类别	功能描述	段数及时限
主保护	主电抗差动速断	
	主电抗差动保护	
	主电抗匝间	
	TA 断线闭锁差动保护	
后备保护	主电抗过电流保护	Ⅰ段 1 时限
	主电抗零序过电流保护	Ⅰ段 1 时限

续表

类别	功能描述	段数及时限
后备保护	主电抗过负荷告警	Ⅰ段 1 时限
	中性点电抗器过电流保护	Ⅰ段 1 时限
	中性点电抗器过负荷告警	Ⅰ段 1 时限
辅助功能	差流越限告警	包括分相差流
	空投闭锁	
	采样值差动保护	

高压并联电抗器非电量保护信号说明如表 6-6 所示。

表 6-6　　　　高压并联电抗器非电量保护信号说明

标记	颜色	正常运行	说明
小电抗轻瓦斯	红	灭	信号型非电量
小电抗压力释放	红	灭	跳闸型非电量
小电抗油温超高	红	灭	信号型非电量
小电抗绕组超温	红	灭	信号型非电量
非电量 5	红	灭	备用
小电抗轻瓦斯	红	灭	信号型非电量
小电抗油位异常	红	灭	信号型非电量
小电抗油温高	红	灭	信号型非电量
小电抗绕组温度高	红	灭	信号型非电量
主电抗重瓦斯	红	灭	跳闸型非电量
主电抗压力释放	红	灭	跳闸型非电量
主电抗油温超高	红	灭	信号型非电量
主电抗绕组超温	红	灭	信号型非电量
主电抗油位异常	红	灭	信号型非电量
主电抗油温高	红	灭	信号型非电量
主电抗绕组温度高	红	灭	信号型非电量
主电抗轻瓦斯	红	灭	信号型非电量

6.1.4 断路器保护

每台 1000kV 断路器配置 1 套断路器保护，适用于 3/2 断路器接线，装置功能包括自动重合闸、断路器失灵保护、三相不一致保护、死区保护和充电过电流保护。正常运行中使用其中的断路器失灵保护、自动重合闸功能。断路器非全相保护采用断路器本体自带的非全相保护。

（1）保护功能配置。

1）自动重合闸功能：装置提供单相重合闸、三相重合闸、禁止重合闸、停用重合闸四种方式可选。可接入断路器两侧的启动重合闸回路，满足 3/2 断路器接线中间断路器的要求。

2）失灵保护：失灵保护启动提供了三级跳闸逻辑，即瞬时重跳本断路器、线路保护单跳未断开断路器延时三跳本断路器、断路器失灵延时跳相关断路器。

3）充电过电流保护：线路投运或失去保护时投入该充电过电流保护。装置包括两段充电过电流保护、一段充电零序保护功能。经充电过电流保护连接片控制投退，也可以由控制字控制各段保护分别投退。

（2）异常检测。

1）TA 断线检测：零序电流大于零序电流启动值持续超过 12s，则报告 TA 断线，并告警。此告警不闭锁出口电源。

2）电流相序自检：在系统无异常时通过比较三相电流的相位，判别相序是否接错，如果不是正常相序报“电流相序错”。

3）双 A/D 冗余检测：为了有效防止硬件损坏情况下保护的误动作，装置采用双 A/D 冗余设计，通过对双 A/D 对比监视，实时监视模拟量采集回路的好坏，及时发现硬件损坏并闭锁保护。

（3）控制字设置不合理自检。

1）在重合闸控制字中，如果检无压、检同期两种方式同时投入，则装置告警“重合方式整定出错”。

2）单相重合闸、三相重合闸、禁止重合闸和停用重合闸四种重合闸方式中，只能投一种重合闸方式，若同时投入两种及以上方式，则装置告警“重合方式整定出错”，按“停用重合闸”方式处理。所有重合闸方式都不投，也按“停用重合闸”方式处理。

（4）开入检测。

1）跳位：若有某相跳位开入，且该相有电流，则报告“跳位开入错”。

2）跳闸信号：若某跳闸信号持续 10s 有开入，则报告“跳闸信号错”。

3）三相跳位不一致：若有三相跳位不一致，又不满足三相不一致跳闸条件，则持续 15s 告警。

以上告警均不闭锁出口电源。

6.1.5 继电保护系统运行维护

6.1.5.1 继电保护设备运行规定

（1）运行中的继电保护及自动装置必须按调度命令进行投退。在一次设备改变运行方式时，保护及自动装置应做相应改动。任何设备不允许在无保护状态下运行。

【释义】所辖所有继电保护及自动装置必须局部服从网络，在运行方式改变（如系统阻抗、电网方式等）应更改定值或投退功能适应电网，进网设备必须有相应保护。

（2）正常运行中保护的表计和指示灯应正常，保护柜和控制屏上熔断器、连接片、按钮、切换把手、小开关等应有明显的标志。停运的连接片应固定好，长期不投的连接片应取下，投运的连接片要拧紧。二次回路检修试验后，保护投入前保护人员应用高内阻指针电压表测量出口连接片保护端对地无电压。

【释义】设计二次回路上的空气开关、连接片、按钮等必须有明显标志以防误操作，为防止保护不动作、开关拒动，操作连接片应可靠紧固，投运前测量连接片电位防止相应保护触点粘连，直接出口跳开关。

（3）运维人员一般不允许打开运行中的保护及自动装置的外壳。二次清扫时，按站务管理规定执行，采取防误碰、误动措施，不得造成直流接地或短路。

【释义】运行中保护及自动装置均带电且都为板卡连接，触碰误动作风险极大，确需接触，应做好绝缘、防误碰等措施。

（4）应保证打印机打印报告的连续性。无打印操作时，应将打印机防尘盖盖好并推入盘内。运维人员应经常检查打印纸是否充足，打印机导轨是否犯卡及打印的字迹是否清晰。

【释义】打印机应保持良好状态，以免影响日常巡视、事故处理等工作。

6.1.5.2 例行巡视项目

（1）运行环境。

1）环境温、湿度满足装置运行的要求，并对历史环境温、湿度不满足情况采取措施。

2）柜门密封良好，开关自如，无锈蚀，接地良好；屏柜体与柜门用软铜导线可靠连接。

3）装置二次接线连接牢固、接触良好，红外测温无异常发热现象。

（2）装置外观。

1）设备调度命名、标识齐全规范、清晰、无损坏。

2）液晶显示正常，无花屏、模糊不清等现象。

3）装置电源指示灯、运行状态指示灯显示正常，无异常告警灯点亮。

4）装置对应的继电器、空气开关、切换把手和连接片标识正确齐全。

5）操作电源空气开关、交流电压空气开关、装置电源空气开关等各类空气开关均按运行方式要求正确投入。

（3）箱体外观及运行情况。

1）汇控柜、户外端子箱相关编号、标识信息齐全、规范、清晰、无损坏。

2）端子箱锈蚀程度低，基本完好，箱体内无积水、凝露，箱体密封良好，开关自如，无锈蚀，接地良好，端子箱防火封堵合格，加热器工作正常。

6.1.5.3 继电保护设备维护工作危险点及注意事项

（1）工作前向作业人员交代清楚临近带电设备并加强监护。

（2）严禁穿越遮栏或移动安全措施。

（3）现场核查保护及二次回路时，误碰运行回路，造成误跳运行开关或影响运行设备运行。现场核查时，只看不动，并参考旧图纸编制具体到端子排号及回路号的二次拆线作业指导卡。核查时严禁拉拽二次线（核查中有异议的及时与专业主管取得联系，确定无误后再进行下一步工作）。

（4）工作时误入运行保护装置。检查相邻运行设备在措施范围外且屏门锁闭。工作过程中，如确需临时移开遮栏，必须经运行值班人员同意，方可移开。移开的遮栏及时恢复。

（5）二次线拆除错误或漏拆。二次线拆除应以设计图纸及编制的二次拆线作业指导卡为依据，采取校验电缆备用芯的方法确认两侧为同一根电缆，拆下的电缆确认两头芯数一致，并及时将不用的旧电缆撤除。

（6）二次线拆除时造成交直流接地或短路。二次线拆除前，断掉所有相关交直流电源空气开关，并用万用表逐一测量待拆线的端子排，确认无电后方可拆除，并及时将不用的旧电缆撤除。

（7）旧电缆从电缆支架上撤除时，误撤运行电缆。电缆撤除时，必须在电缆两端均找到，并经校验无误后方可撤除。在整根电缆未撤除前，不得使用大剪、斜口钳等工具对电缆进行剪切。

（8）电缆敷设时损伤运行电缆或影响运行电缆的正常运行。电缆敷设时，应由专人统一协调指挥，对于长电缆的敷设，每两名作业人员的距离不宜大于 10m。敷设时，严禁踩踏电缆，防止损坏电缆绝缘。临时掀开的电缆沟盖板离开电缆沟一定距离，防止沟盖板滑入电缆沟砸伤工作人员或运行电缆。

（9）绝缘测量时造成交直流接地或短路。绝缘测量前，应确认相关的二次回路电源已断开，并用万用表测量无电后方可进行。绝缘测量完毕，及时对被测二次回路放电。

（10）绝缘测试时误测母线保护电流回路。在端子箱或汇控柜内用醒目的绝缘胶布封住母线保护电流回路，电流连接片可靠断开，并做好记录，防止误碰。

（11）试验电源接线不当，电源电压不当造成人身触电或试验设备损坏。接取试验电源前，先用万用表测量电压等级和电压类型无误，电源线无破损裸露。接时先接用电侧，再接电源侧，并有其他人监护。确认电源回路上无人工作后，方可给试验电压。工作间断时，及时断掉试验电源屏电源。试验电源线两端应固定牢靠。

（12）直流电源正负错误，烧毁保护插件。直流电源接引时，应断开保护屏上的直流电源空气开关，给电时，用万用表测量端子排上的直流电源正常。

（13）带电插拔插件，易造成插件损坏。插拔插件前确认装置电源空气开关已断开，并防止频繁插拔插件，拔插插件时带上防静电手环。

（14）保护调试时遗漏工作项目。保护调试时依据检验报告及保护调试大纲逐项进行。

（15）母线 TV 二次回路接入时，造成短路或接地。工作时使用带绝缘手柄的工具；接入前测量绝缘良好；接时先接保护侧，后接 TV 转接屏侧。

（16）连接片名称或标签错误，造成误投、误拉。根据图纸及二次实际接线核对连接片、标签名称无误，并进行传动验证。

（17）开关传动配合不当，伤害现场施工人员，损坏设备。开关传动前，征得一次开关专业人员许可，并签字认可，在确认开关状态良好，具备传动条件时方可进行。同时在开关现场设专人监护，试验人员与现场监护人员随时保持联系，在现场监护确认可以传动后，方可对开关进行分合传动。

（18）定值误整定。打印定值单，两人逐项核对定值打印件与定值通知单完全一致，核对定值打印件上的定值区与装置液晶面板上显示的定值区完全相同。核对无误后，不得再对装置定值项进行任何操作，若因试验确需临时改动定值，试验完毕，必须重新打印定值核对。

（19）TA 回路电流检查造成 TA 开路。用卡钳表卡 TA 二次回路时，不得使用蛮力拉拽二次线路，TA 二次线路周围空档应足够容下卡钳。

（20）投运时带电改动 TA 二次回路，造成人员伤亡。投运时电流回路检查如发现 TA 二次线路错误，必须申请对投运设备停电，严禁带电改动 TA 二次回路，防止改动过程中 TA 开路造成人员伤亡。

6.1.5.4 继电保护设备常见缺陷及处理

1. 电流差动保护光纤通道告警的查找处理

线路保护装置跟对侧变电站线路保护通道一般分为专用和复用通道两种模式（见图 6－5）。

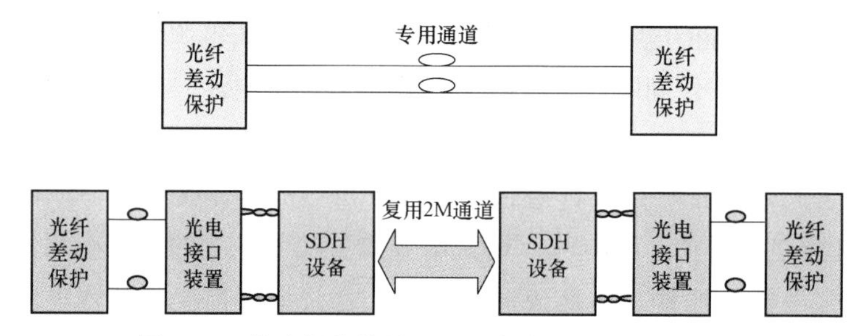

图 6－5 线路保护装置跟对侧变电站线路保护通道

【故障现象】

监控机报“××间隔通道中断”，保护装置通道告警或装置异常灯亮，通道中断后闭锁相关差动保护，保护装置失去差动保护功能。

【可能原因】

保护装置插件故障，保护装置后光缆尾纤、光电装换装置后光缆尾纤、2M 的数字通信线、各环节接头损坏，通信专业元件故障。

【处理方法】

检查安全技术措施的执行，将相关保护退出跳闸。

检查保护装置、光电接口装置是否异常，检查光纤、2M 的数字通信线是否损坏和连接是否紧固，光纤头是否清洁，2M 的数字通信线接头焊接是否有虚焊。

通道逐段自环检查，确认故障点。

更改定值为自环试验的状态，逐段自环，观察通道是否恢复正常。

缺陷消除后，恢复装置和通道为正常方式，打印定值并核对。

更换插件后检查装置有无异常信号，交流采样和装置开入是否正常，核对定值和软件版本。

检查装置与监控、信息子站的通信情况。恢复安全技术措施，严格依照安全控制卡恢复措施。

2. 保护及自动化装置与后台通信中断缺陷处理

【故障现象】

通信与后台中断，运行灯正常。

【可能原因】

多为通信模块或电源插件损坏。

【处理方法】

执行安全技术措施：严格依照安全控制卡执行措施。

分析故障：防止触动与工作无关的二次回路或设备。

更换插件及检查装置：更换插件前，先将装置断电，更换插件后检查装置有无异常信号，交流采样和装置开入是否正常；核对定值和软件版本，检查装置与监控、信息子站的通信情况；恢复安全技术措施，严格依照安全控制卡恢复措施。

3. 保护装置异常缺陷处理

【故障现象】

继电保护及自动化装置前面板异常或告警灯亮，监控报警。

【可能原因】

装置插件损坏。

【处理方法】

将保护退出运行。

检查装置自检信息，根据自检信息确定故障部位。将装置断电，更换保护插件。上电检查，装置恢复正常，观察一段时间，检查装置状态。装置无异常后投入运行。

4. 录波网及故障测距装置常见缺陷排除方法

【故障现象】

装置异常告警或网络通信中断。

【可能原因】

装置异常多为装置板卡老化损坏，需对板卡进行更换。

网络通信中断原因多为网线光纤头接触不良或通信板卡损坏。

【处理方法】

初步检查是否是硬件损坏，如果硬件损坏需进行更换板卡处理。

录波器异常需向调度申请停用，经同意后方可进行消缺工作。

装置更换完成后要完成定值、通信地址等设置，并试验无异常后方可投入运行。

6.2 综合自动化系统

6.2.1 综合自动化系统简介

综合自动化系统的核心是监控系统和远动系统，包括监控系统服务器、监控系统操作员站、监控系统工程师站、综合应用服务器、Ⅰ区图形网关机、Ⅱ区图形网关机、Ⅰ区远动机、Ⅱ区远动机、各监控系统交换机、各间隔测控装置、对时系统、同步相量采集系统等。

6.2.2 综合自动化系统结构特点

站控层主要由两台服务器、两台操作员站、一台历史数据服务器、一台工程师站、一台综合应用服务器以及相应的输入输出设备组成，间隔层主要由测控装置组成，而远动部分，则由两台图形网关机、两台Ⅰ区远动机、两台Ⅱ区远动机组成。

6.2.2.1 监控系统概况

通信采用基于以太网的61850规约，可以按照智能站的分层方法去理解全站设备。NS3000系统与NS2000（特指NS2000V5系统）系统差异很大，但一些思路仍是由NS2000演变甚至顺延而来，比如对于运维人员来说，其功能模块仍为调画面与推画面、告警音响与告警窗、光字牌、报表、曲线、遥测量、一体化“五防”、遥控预置与执行以及一些其他辅助小功能（如AVC软连接片）等。对于检修人员来说，数据库的构建方式仍以节点→装置→“四遥”通道→“四遥”定义表的形式组成，并且仍保留类似于检索器的功能。

6.2.2.2　综合自动化系统硬件概况

（1）服务器。服务器包括监控系统主服务器一、主服务器二。两台服务器硬件均为华为 RH2458 V2，使用机柜上的 KVM 进行操作。服务器是监控系统的绝对核心，所有站控层节点中，服务器、远动机、综合应用服务器等都有数据库。综合应用服务器与Ⅲ区的数据传输应通过正向隔离装置。

日常维护时，要时刻注意服务器的工况。服务器工况异常通常分为硬件故障、软件故障或通信中断。下面将常见缺陷情况及其故障现象进行列举，如表 6－7 所示。

表 6－7　　服务器常见缺陷情况及其故障现象

故障部件	故障原因	故障现象
硬件故障	失电、双电源故障或严重硬件故障	服务器停止运转
	单电源故障或风扇故障或其他硬件故障	故障灯点亮或闪烁
	硬盘故障	硬盘故障灯点亮或闪烁
软件故障	操作系统故障或监控软件故障	节点退出
	数据库类缺陷	监控系统功能异常
通信故障	双网故障	节点退出
	单网故障	告警窗显示服务器单网通信中断
	双网交叉	监控系统功能异常

当一台服务器出现任何形式的缺陷后，都应该引起足够的重视。运维人员要立即与专业班组进行沟通，告知缺陷现象，提供足够的判断依据以方便专业班组能针对性地准备备品备件，记录缺陷（缺陷性质一般为严重），汇报相应管理人员及管理部门。同时要重点关注另一台服务器，防止双服务器全部退出运行，造成全站监控完全失去功能。特高压变电站运维人员在运行与预试中，要尽量避免双服务器同时宕机或两台服务器监控软件同时停止运行的情况出现。

（2）操作员站。操作员站是当班监盘运维人员每天要面对的，其定位就是监控系统与运维人员的人机互动接口。运维人员对变电站所有的监视与控制都发生在操作员站上。在保定站，其硬件为两台华为 RH 2285H V2 服务器，屏柜上无显示器，采用双路 DVI 延长器以及超 5 双屏被甲网线将显示器、鼠标、键盘、音频延伸至主控台指定位置。两台操作员站均采用双屏横向排列方式组屏，主屏幕显示主接线，扩展屏幕显示告警窗。

操作员站的硬件本质也是服务器，所以其故障现象可以参考服务器进行归类，此处不再赘述。

（3）历史数据服务器。历史数据服务器与普通500kV超高压变电站不同的是，1000kV特高压变电站有一台专门用来存储历史数据的服务器，拥有大量的存储空间。在常规500kV变电站，历史服务进程一般运行在服务器上面，会占用系统资源以及硬盘空间。独立的历史数据服务器会减轻主服务器的资源负担，但是一台历史数据服务器在安全冗余度上不够完美，出于成本考虑保定站采用了折中方案，历史数据服务器采用磁盘阵列的形式来保证历史数据的安全性。

历史数据服务器专门用来存储NS3000采集到的历史数据，用来实时生成报表、曲线、动作次数记录等。历史数据是故障诊断的重要辅助工具之一，作为运维人员，要学会利用历史数据发现缺陷或证明缺陷。

对于历史数据服务器，缺陷形式与服务器一致，只是缺陷性质多为一般缺陷。历史数据服务器出现缺陷后，历史数据会丢失，给今后的查询带来不便。

（4）工程师站。工程师站是专业班组人员以及厂家进行监控系统维护的节点，拥有管理员级别的权限，因此运维人员要加强工程师站的使用授权和密码管理，防止未授权的人员轻易操作。其缺陷仍可以参考服务器缺陷进行归类，性质多为一般缺陷，其运行工况不会对监控系统造成运行上的影响。

（5）综合应用服务器。所有的在线监测进程均运行在综合应用服务器上，包括局部放电在线监测、SF_6气体压力在线监测和主变压器、高压电抗器的油色谱、铁芯夹件电流在线监测等。运维人员应重视此节点工况，缺陷情况参考服务器缺陷。一旦此节点退出，所有的在线监测功能将丧失，影响监控系统功能。按照设计，此服务器的数据可以通过Ⅱ区图形网关机以及Ⅱ区远动机上传至主站，并且可以通过防火墙传递到Ⅲ区上传至主站，但实际应用中此功能未使用。目前此服务器只使用站内在线监测功能。

（6）图形网关机。图形网关机主要涉及告警直传与远程浏览。

（7）Ⅰ区远动机。远动功能用于实现调度主站的“四遥”功能。远动机的重要程度与服务器不分伯仲，因为远动机是调度主站的“手”和“眼”，当远动机工作异常时，调度会对全站失去监控，因此运维人员在日常巡视、监盘中也应当对远动机的工况给予足够的重视。由于远动机的工作方式不直观，因此只要求运维人员观察其设备情况、值班情况即可。如疑似远动工作状态不正常，可以通知专业班组进行核实处理，也可以自行联系调度核对数据以观察其运行是否正常。当调度或调度自动化专业询问站内情况且表示他们无法监视站内实时状态时，首先怀疑远动机工作是否正常，确定正常后再依次查看交换机、纵向加密、路由器甚至光端机的工况。

6.2.2.3 NS3000 监控系统特性

（1）操作员站双屏显示。操作员站采用双屏扩展显示，一般情况下主屏幕显示画面，扩展屏幕显示告警窗，条理清晰，方便监盘。

（2）所有服务器屏柜、交换机屏柜均有主动散热。站内交换机、服务器的屏柜顶部部署大功率风扇进行主动空气散热，使屏内空气流动起来。散热器配有空气开关跳闸告警功能，当空气开关跳闸时会发出相应告警。需要注意的是，在屏柜正面有一开关，如图 6-6 所示，可以人为关闭散热器，且监控系统不会提示任何告警信息。

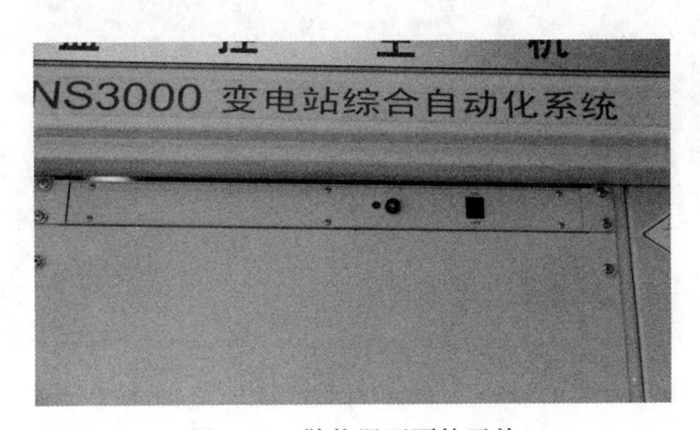

图 6-6　散热器正面的开关

（3）采用一体化“五防”。一体化“五防”系统不存在通信中断、遥信不对位、传票及回传异常等问题，使用更加方便。由于接地线及接地线桩不是遥信量，因此有专门的“五防”图来显示接地线桩位置及其当前状态，其状态是根据“五防”机中开具并执行的操作票挂、摘接地线的步骤决定的。因此要重视“五防”图中接地桩提示的状态，当与预想的状态不一致时，不要轻易地人工置数，应去安具室和现场再次进行核对，确认接地线状态。

（4）新增历史数据服务器。在网络节点中新加入历史数据服务器，运行历史服务进程，保存历史数据，提供历史查询服务。

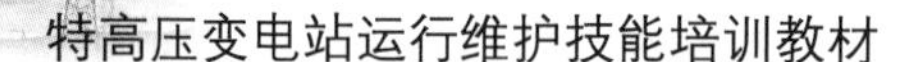

（5）新增综合应用服务器。在网络节点中新加入综合应用服务器，接入1000kV局部放电在线监测，1000kV及500kV各气室SF_6在线监测，1000kV高压电抗器及主变压器油色谱、铁芯夹件电流在线监测。为监控系统提供在线监测服务，可以实时监测各项指定的数值，并及时发出告警信号，帮助值班员进行判断。

（6）时间同步系统。时间同步系统采用美国GPS加中国北斗双时钟源对时，互为主备。对时系统采用B码，加入时钟同步系统监测画面，如图6－7所示，能够实时掌握测控装置与监控机、监控机与时钟同步系统的时差，从而使运维人员能监视其状态，及时发现装置缺陷，控制时间误差在合理范围内，使得SOE信息更加准确。

保定站时钟同步监测图

后台与主时钟时差：10.3738 ms

装置名称	与后台时差	单位	装置名称	与后台时差	单位	装置名称	与后台时差	单位	装置名称	与后台时差	单位
T011测控	9.5435	ms	5032测控	2.5200	ms	2号主变本体测控	3.5120	ms	保护信息子站1	0.0099	ms
T012测控	2.9225	ms	5042测控	9.8770	ms	2号主变调压测控	2.8035	ms	保护信息子站2	0.0022	ms
T013测控	3.3715	ms	5043测控	3.8860	ms	1号主变1111电容器测控	3.6905	ms			
T021测控	8.9895	ms	5052测控	9.6825	ms	1号主变1112电容器测控	3.6095	ms			
T022测控	2.3180	ms	5053测控	2.5635	ms	1号主变1113电抗器测控	3.6940	ms			
T032测控	9.6135	ms	5061测控	9.6415	ms	1号主变1122电抗器测控	9.2195	ms			
T033测控	9.1710	ms	5062测控	3.2750	ms	1号主变1123电容器测控	4.1545	ms			
T041测控	3.6090	ms	定易一线测控	3.6870	ms	1号主变1124电容器测控	2.7560	ms			
T042测控	2.9810	ms	定易二线测控	3.7240	ms	2号主变1132电抗器测控	2.3720	ms			
T043测控	2.5290	ms	定固一线测控	4.2255	ms	2号主变1133电容器测控	2.3925	ms			
定河Ⅰ线测控	9.2315	ms	定固二线测控	3.8405	ms	2号主变1131电容器测控	2.5755	ms			
定河Ⅱ线测控	2.7900	ms	500kV1号母线测控	9.1020	ms	2号主变1142电抗器测控	9.2535	ms			
盂定Ⅰ线测控	3.7120	ms	500kV2号母线测控	9.6485	ms	2号主变1143电容器测控	3.5195	ms			
盂定Ⅱ线测控	2.2115	ms	500kV51小室公用测控	3.8300	ms	2号主变1144电容器测控	9.2670	ms			
定河Ⅰ线高抗测控	9.7235	ms	500kV52小室公用测控	3.5950	ms	1号站用变测控	9.4330	ms			
盂定Ⅰ线高抗测控	2.3770	ms	1号主变1000kV侧测控	9.2920	ms	2号站用变测控	9.1995	ms			
盂定Ⅱ线高抗测控	9.7070	ms	1号主变500kV侧测控	3.6150	ms	0号站用变测控	3.8280	ms			
1000kV1号母线测控	3.5240	ms	1号主变110kV侧1101测控	2.3710	ms	站用变380V侧测控	3.9295	ms			
1000kV2号母线测控	3.5210	ms	1号主变110kV侧1102测控	3.6810	ms	主变及无功小室公用测控1	3.7665	ms			
1000kV公用测控	9.2345	ms	1号主变本体测控	9.9135	ms	主变及无功小室公用测控2	3.0420	ms			
5011测控	9.9225	ms	1号主变调压测控	9.3670	ms	110kV1、2号母线测控	5.8400	ms			
5012测控	2.8095	ms	2号主变1000kV侧测控	9.1845	ms	110kV3、4号母线测控	3.3665	ms			
5022测控	3.5280	ms	2号主变500kV侧测控	3.4615	ms	计算机室公用测控1	3.1275	ms			
5023测控	4.1665	ms	2号主变110kV侧1103测控	3.4225	ms	计算机室公用测控2	9.4870	ms			
5031测控	3.1755	ms	2号主变110kV侧1104测控	9.5930	ms						

图6－7　时钟同步监测图

（7）监控功能更加完善。较500kV变电站，特高压变电站的监控信息量更大，尤其在遥测信息上，新加入了大量在线监测数据、小室温湿数据等。公式计算上加入了线路电压监视图，利用公式计算实现电压互感器运行异常预警信息。

在遥控功能上，除常规的断路器、隔离开关操作外，特高压变电站监控系统可以远程复归保护装置，可以远程启停录波器、雨水泵、生活水泵等。NS3000在功能上还提供了顺控和程控方案，此功能暂未使用。

另外，监控系统其他的一些功能如本地VQC、调度AVC软连接片、告警信息查询等都非常方便运维人员掌握本站运行状况。

6.3　防误装置特点及运行维护

6.3.1　防误装置特点

（1）防误装置应按照简单完善、安全可靠，操作和维护方便，能够实现“五防”功能的原则进行配置。

（2）变电站“五防”包括：① 防止误分、误合断路器；② 防止带负载拉、合隔离开关或手车触头；③ 防止带电挂（合）接地线（接地隔离开关）；④ 防止带接地线（接地隔离开关）合断路器（隔离开关）；⑤ 防止误入带电间隔。

（3）防误装置类型包括电气闭锁（含电磁锁）、机械闭锁、微机防误装置（系统）、监控防误系统、智能防误系统、就地防误装置、带电显示装置等。

（4）电气闭锁（含电磁锁）。电气闭锁是将断路器、隔离开关、接地隔离开关、隔离网门等设备的辅助触点或测控装置防误输出触点接入电气设备控制电源或电磁锁的电源回路构成的闭锁。

1）断路器、隔离开关和接地隔离开关电气闭锁回路应直接使用断路器和隔离开关、接地隔离开关等设备的辅助触点，严禁使用重动继电器。

2）接入闭锁回路中设备的辅助触点应满足可靠通断的要求，辅助开关应满足响应一次设备状态转换的要求，电气接线应满足防止电气误操作的要求。

3）电磁锁应能可靠地锁死电气设备的操动机构；应采用间隙式原理，锁栓能自动复位。

（5）机械闭锁。机械闭锁是利用电气设备的机械联动部件对相应电气设备操动构成的闭锁，其一般由电气设备自身机械结构完成。

1）机械闭锁装置应能可靠锁死电气设备的传动机构。

2）应满足操作灵活、牢固和耐环境条件等使用要求。

（6）微机防误装置（系统）。微机防误装置采用独立的计算机、测控及通信等技术，用于高压电气设备及其附属装置防止电气误操作的系统，主要由防误主机、模拟终端、电脑钥匙、通信装置、机械编码锁、电气编码锁、接地锁和遥控闭锁装置等部件组成。

1）新投运的防误装置主机应具有实时对位功能，通过对受控站电气设备位置信号采集，实现防误装置主机与现场设备状态的一致性，主站远方遥控操作、就地操作实现“五防”强制闭锁功能。

2）应实现主站和厂站，厂站和厂站，厂站的站控层、间隔层、设备层强制闭锁功能，适用不同类型设备及各种运行方式的防误要求。

3）微机防误装置系统与监控系统应有统一、规范、稳定的接口。

4）应做好一次电气设备的有关信息备份，当信息变更时应及时更新备份，以满足防误装置发生故障时的恢复要求。

5）应制订系统主机数据库和口令权限管理办法，并设有在紧急情况下分层解锁程序和权限。

6）远方操作中使用的微机防误系统遥控闭锁控制装置必须具有远方遥控开锁和就地电脑钥匙开锁的双重功能。

（7）监控防误系统：利用测控装置及监控系统内置的防误逻辑规则，实时采集断路器、隔离开关、接地隔离开关、接地线、柜门（网门）、连接片等一、二次设备状态信息，并结合电压、电流等模拟量进行判别的防误闭锁系统。

1）监控防误系统应具有完善的全站性防误闭锁功能。接入监控防误系统进行防误判别的断路器、隔离开关及接地隔离开关等一次设备位置信号，宜采用常开、常闭双位置触点接入。

2）应实现对受控站电气设备位置信号的实时采集，确保防误装置主机与现场设备状态一致。当这些功能发生故障时应发出告警信息。

3）应具有操作监护功能，以允许监护人员在操作员工作站上对操作实施监护。

4）应制订监控防误系统主机数据库和口令权限管理办法。

5）应满足对同一设备操作权的唯一性要求。

（8）智能防误系统：一种用于高压电气设备及其附属装置防止电气误操作的系统，主要由智能防误主机、就地防误装置等部件组成。智能防误主机具备顺控操作不同源防误校核功能，与监控主机内置防误逻辑形成双校核机制，具备解锁钥匙定向授权及管理监测、接地线状态实时采集等功能；就地防误装置具备就地操作防误闭锁功能。

1）智能防误系统应单独设置，与监控系统内置防误逻辑实现双套防误校核。

2）智能防误系统应具备顺控操作防误和就地操作防误功能。

3）智能防误主机应性能可靠，具备与智能变电站智能设备互联互通功能，符合国家或行业相关标准。

（9）就地防误装置：一种用于高压电气设备及其附属装置就地操动机构的防

误装置，具备当顺控操作因故中止，切换到就地操作防误闭锁功能，具有统一的锁具接口和典型接线的防误逻辑规则库，主要由就地操作防误单元、电脑钥匙、编码锁、采集控制器、智能地线桩、智能地线头等部件组成。

1）应具备高压电气设备及其附属装置就地操动机构的强制闭锁功能。

2）应具备当遥控、顺控操作因故中止，切换到就地操作防误闭锁功能。

3）应具有统一的锁具接口和典型接线的防误逻辑规则库。

4）应具备接地线挂、拆状态实时采集功能。

5）锁具应具备分区、分级管理功能，在技术条件具备时还宜具有锁具操作记录功能，以实现锁具操作历史记录追溯功能。

（10）带电显示装置：提供高压电气设备安装处主回路电压状态的信息，用以显示设备上带有运行电压的装置。对使用常规闭锁技术无法满足防止电气误操作要求的设备（如联络线、封闭式电气设备等），应采取加装带电显示装置等技术措施达到防止电气误操作要求。

1）对采用间接验电的高压带电显示装置，在技术条件具备时应与防误装置连接，以实现接地操作时的强制性闭锁功能。

2）高压带电显示装置应设计合理、性能可靠、安装维护方便，符合国家或行业相关标准。

3）装置的工作电源应单独敷设。

4）高压带电显示装置应至少提供 2 个常开闭锁输出触点，接入“五防”闭锁回路，实现与接地隔离开关或柜门（网门）的连锁。

5）高压带电显示装置宜三相配置，并应具有自检功能。

6.3.2　防误装置运行维护

6.3.2.1　防误装置日常管理

（1）防误装置管理应纳入现场专用运行规程，明确技术要求、使用方法、定期检查、维护检修和巡视等内容。运维和检修单位（部门）应做好防误装置的基础管理工作，建立健全防误装置的基础资料、台账和图纸，做好防误装置的管理与统计分析，及时解决防误装置出现的问题。

（2）应有符合现场实际并经运维单位审批的防误规则表，防误系统应能将防误规则表或闭锁规则导出，打印核对并保存。

（3）防误装置不得随意退出运行。停用防误装置应经设备运维管理单位批准；

短时间退出防误装置应经变电运维班（站）长或发电厂当班值长批准，并应按程序尽快投入运行。

（4）涉及防止电气误操作逻辑闭锁软件的更新升级（修改），应经运维管理单位批准。升级应结合该间隔断路器停运或做好遥控出口隔离措施，做好详细记录及备份。

（5）定期开展培训，调控、运维及检修等相关人员应按其职责熟悉相关防误装置及管理规定、实施细则，做到“四懂三会”（懂防误装置的原理、性能、结构和操作程序，会熟练操作、会处理缺陷和会维护）。

6.3.2.2 防误装置解锁管理

（1）对防误装置的解锁操作分为电气解锁、机械解锁和逻辑解锁。以任何形式部分或全部解除防误装置功能的操作，均视作解锁。

（2）防误装置的解锁工具（钥匙）或备用解锁工具（钥匙）、解锁密码必须有专门的保管和使用制度，内容包括倒闸操作、检修工作、事故处理、特殊操作和装置异常等情况下的解锁申请、批准、解锁监护、解锁使用记录等解锁规定；防误装置授权密码、解锁工具（钥匙）应使用专用的装置封存，专用装置应具有信息化授权方式。

（3）高压电气设备的防误闭锁装置因缺陷不能及时消除，防误功能暂时不能恢复时，可以通过加挂机械锁作为临时措施；此时机械锁的钥匙也应纳入防误解锁管理，禁止随意取用。

（4）任何人不得随意解除闭锁装置，禁止擅自使用解锁工具（钥匙）或扩大解锁范围。

（5）正常情况下，防误装置严禁解锁或退出运行。

（6）特殊情况下，防误装置解锁应执行下列规定：

1）危及人身、电网和设备安全等紧急情况需要解锁操作，可由变电运维班当值负责人或发电厂当值值长下令紧急使用解锁工具（钥匙），解锁工具（钥匙）使用后应及时填写相关记录。

2）防误装置及电气设备出现异常要求解锁操作，应经运维管理部门防误操作装置专责人或运维管理部门指定并经书面公布的人员到现场核实无误并签字后，由变电站运维人员告知当值调控人员，方可使用解锁工具（钥匙），并在运维人员监护下操作。不得使用万能钥匙或一组密码全部解锁等解锁工具（钥匙）。

6.3.2.3　防误装置维护检修

（1）防误装置日常运行时应保持良好的状态；运行巡视及缺陷管理应等同主设备管理；每年春季、秋季检修预试前，应对防误装置进行普查，保证防误装置正常运行。

（2）防误装置检修维护工作应有明确分工和专人负责；检修项目与主设备检修项目协调配合，一次设备检修时应同时对相应防误装置进行检查维护，检修验收时应对照防误规则表对防误闭锁情况进行传动检验。

（3）应定期对防误装置进行状态评价，确定大修、维护和技术改造方案。

（4）在防误装置生命周期内，应结合电池、主机等关键部件的使用寿命，做好更换工作，以保证防误装置正常运行。对运行超年限、不满足反措要求或缺陷频繁发生的防误装置应进行升级或更换。

6.4　AVC 系统特点及运行维护

6.4.1　AVC 系统概念

（1）自动电压控制（automatic voltage control，AVC）。AVC 是指利用计算机系统、通信网络和可调控设备，根据电网实时运行工况在线计算控制策略，自动控制无功和电压调节设备，以实现合理的无功电压分布。

（2）AVC 主站。AVC 主站是指安装在各级电力调度中心的计算机系统及软件，用于完成 AVC 计算分析及下发控制调节指令等功能，同时接收 AVC 子站的反馈信息。

（3）AVC 子站。AVC 子站是指安装在电厂或变电站接收并执行 AVC 控制调节指令等功能的自动化设备及附属设备。其既可执行主站命令，也可根据当地无功电压信息就地控制等功能，向 AVC 主站回馈信息。

6.4.2　AVC 系统功能

6.4.2.1　AVC 主站功能

（1）AVC 主站功能是通过对地区电网实时无功电压运行信息的采集、监视和计算分析，在满足电网安全稳定运行基础上，控制电网中无功电压设备的运行状态，与上下级调度协调控制，维持电压运行在合格范围内，优化无功分布，降低电网损耗。以达到以下要求：

1）保证所辖范围内监控电压运行在合格范围内。

2）降低电网损耗。

（2）数据辨识。

1）AVC 数据来源采用监控（SCADA）数据或经过状态估计计算后数据两种方式。

2）采用 SCADA 数据的，应利用遥测、通信等信息的冗余性进行量测数据和状态量识别、纠错、闭锁和报警功能，支持单测点量测质量分析和多测点关联分析：对数据突变和高频电压波动进行多次滤波：电网发生异常造成量测数据超出设定值范围时，应自动闭锁控制功能并报警：关键测点采用主备量测方式。

3）采用状态估计数据的，应对数据进行可用性判别，异常时应具备闭锁或切换至 SCADA 数据功能，并进行报警。

4）AVC 采用的电网模型应完整、准确，覆盖调度管辖范围内的电厂或变电站和相关设备。

（3）AVC 控制模式具备开环、半闭环和闭环三种，并可相互切换。开环是指 AVC 主站根据电网运行信息进行计算，形成控制策略，但不下发控制命令。半闭环是指 AVC 主站根据电网运行信息进行计算，形成控制策略，由运行人员决定是否下发控制命令。闭环是指 AVC 主站根据电网运行信息进行计算，形成控制策略，并自动下发控制命令。

（4）控制执行。

1）AVC 指令可分两种方式：遥控和遥调。遥控指的是对并联无功补偿设备的开关进行分合控制，对有载调压变压器分接头进行升降控制。遥调指的是对 AVC 子站下发设定值、再由各子站控制相应无功电压调节设备满足主站设定值。遥调包括以下内容：① 电厂或变电站高压母线电压设定值；② 发电厂总无功或单机无功设定值；③ 变电站无功设定值；④ 有载调压变压器分接头设定值。

2）AVC 控制命令应通过电网运行实时监控遥控/遥调下发到厂站端执行，支持不同厂站的并行下发，即对不同厂站同一时刻可下发多个遥控/遥调命令，保证大规模电网控制实时性，并满足以下要求：① 对于控制失败的情况，应给出报警，并闭锁相应设备；② 应自动闭锁已停运设备；③ 支持对选定的当地设备进行通道测试和控制试验。

（5）具备动态分区功能，根据电网运行方式的变化，自动将各电厂或变电站划分为不同区域，实现无功分层分区平衡。

（6）具备电压协调功能，应保证监控调度管辖电厂或变电站电压在合格范围内，部分电厂或变电站无功电压失去调节能力时，相邻电厂、变电站或相邻区域应能提供无功电压调节支持。

（7）具备无功协调功能，在保证电压合格基础上，考虑各区域间的无功协调和区域内各电厂、变电站的无功协调，并考虑区域的无功储备满足电网安全运行要求，满足无功就地或就近平衡原则。

（8）具备开关或有载调压变压器分接头设备控制次数限制功能，合理优化控制频次，避免频繁调节，对开关和变压器分接头调节频次应不超过设备允许的规定值，并符合现场运行规定。可根据电网典型负荷和潮流变化趋势，合理设置设备的调节时间段。

（9）具备设备状态辨识功能，对设备的运行状态和保护动作信号进行采集和识别，禁止对停运或异常设备进行控制。

（10）具备预估算功能，对每次控制效果进行预计算。评估控制前后的电压无功情况，防止过调节和振荡调节。

（11）具备有载调压变压器分接头闭锁功能，当变压器高压侧电压低于厂允许最低电压设定值时，应禁止变压器分接头向降低变比方向调节。当变压器高压侧电压高于厂允许最高电压设定值时，应禁止变压器分接头向升高变比方向调节。

（12）具备实时网损计算和显示功能，可进行全网计算和分区计算网损，对于控制设备动作前后的网损情况要进行记录和存储。

（13）具备上下级 AVC 主站协调控制功能，可与上下级调度机构 AVC 主站进行数据交换，实现更大范围内电网无功电压分层协调控制。统计地区电网各分区无功设备可控（包括投、切）容量并上传上级 AVC 主站，在失去调节能力情况下向上级 AVC 主站协调控制请求：接收上级 AVC 主站下发的协调电厂或变电站母线电压或关口无功目标值，并据此作为控制目标之一；接收下级 AVC 主站上传的无功电压调节能力相关信息，并据此向下级 AVC 下发协调控制目标。

（14）具备在线修改有关控制参数功能，并具备权限管理功能。参数生效前应自动对参数的合理性和有效性进行鉴别，对不合理参数进行告警和处理。

（15）提供运行和维护人员友好的监视画面和维护手段。

1）用户管理：可对各类用户权限进行设置。

2）建模维护：可对 AVC 模型进行维护。

3）参数配管：可设置 AVC 控制参数。

4）实时监视：可对 AVC 运行状态进行监视。

5）策略计算：可手工启动和切换 AVC 策略计算。

6）闭/解锁设置：可对被控电厂、变电站或被控设备进行控制闭/解锁设置。

7）历史统计数据报表：输出投运率、合格率、控制效果评估等指标的统计报表。

（16）具备系统报警及控制闭锁功能，系统运行异常或失去调节功能时具备报警功能，应识别控制异常或控制错误，并进行报警和控制闭锁。AVC 控制闭锁功能应包括系统级闭锁、厂站级闭锁和设备级闭锁三个等级：

1）系统级闭锁是指 AVC 主站整体闭锁。不向所有电厂或变电站发控制命令。

2）站级闭锁是指 AVC 主站对某个电厂或变电站停止发控制命令，其他电厂或变电站正常控制。

3）设备级闭锁是指对某具体设备停止发控制命令。

（17）具备历史数据保存及查询功能，应完整保存每次控制命令、控制原因和人工操作记录，并可方便查询。

（18）具备对控制效果进行统计和评估功能，并可生成报表。根据评估结果，完善 AVC 功能，并可对无功资源优化配置提出建议。

1）各电厂或机组 AVC 功能投入率和调节合格率。

2）各电厂或变电站电压合格率或无功的交换电量。

3）变电站电容器、电抗器的投切次数。

4）变电站有载调压分接头挡位的调节次数。

5）控制命令的记录与统计：包括控制时间、控制值、控制方式、是否成功、控制成功率等信息。

6）电压合格率统计：根据相关管理考核规定统计电压合格率，包括最大值、最小值等。

7）功率因数统计：对考核点功率因数合格率进行统计，包括最大值、最小值及平均值。

8）控制电网范围内实时网损和网损率统计，包括最大值、最小值等。

9）上下级间的协调控制策略和控制结果。

10）可保存至少 10 天秒级历史数据，并可提供查询和曲线展示。

（19）具备与上下级调度 AVC 接口和本级调度其他应用程序接口功能。

6.4.2.2　变电站 AVC 子站功能

（1）变电站子站可分为集中控制和分散控制两种方式。

1）集中控制方式：变电站侧不建设专门的子站，由地区调度 AVC 主站直接给出对电容器、电抗器和有载调压变压器分接头的遥控、遥调指令，利用现有的自动化通信通道下发，并通过变电站监控系统闭环执行。监控系统应对被控设备设置远方/就地控制切换连接片，并具有必要的安全控制闭锁逻辑判断功能。控制指令包括对电容器、电抗器的投退命令（遥控）或者对有载调压变压器分接头挡位的调节命令（遥调或遥控）。

2）分散控制方式：借助变电站侧已经建设的电压无功控制器或监控系统中已有的电压无功控制模块，经升级改造为具有完善安全闭锁控制逻辑的 AVC 子站，主站侧不给出电容器、电抗器和有载调压变压器分接头的具体调节指令，而是下发电压调节目标或无功调节目标，子站根据此目标计算对无功电压调节设备的控制指令并最终执行。

（2）变电站子站至少包括远方、就地和退出三种控制模式，远方控制模式是指接收远方主站指令，按主站目标指令控制站内无功设备或有载调压变压器分接头；就地控制模式是指子站按照设定的高压母线电压曲线，由子站控制站内无功设备或有载调压变压器分接头来跟踪电压曲线；退出模式是指子站退出运行。

（3）对于由区域集控站监控的变电站，主站 AVC 指令应下发到集控站监控系统，再由集控站转发到受控站，集控站应记录每次接收到的 AVC 指令及执行情况。

6.4.2.3　数据交互

（1）上下级调度 AVC 主站数据交互宜通过调度自动化系统数据采集功能实现，采用 TASE2 通信规约，还应包括协调控制目标值的时间信息，保证控制目标值的时效性。

（2）AVC 主站和子站数据交互宜采用 104 或 101 通信规约方式，子站应能通过规约对主站指令的有效性进行识别，保证控制的安全性。

（3）非一体化 AVC 主站和地区调度自动化主站接口应遵循 Q/GDWZ 461—2010《地区智能电网调度技术支持系统应用功能规范》规定的相关模型和数据交互标准。

6.4.2.4 AVC系统运行维护

（1）AVC系统的运行方式应严格按照调度指令执行，严禁变电站运维人员擅自更改子站运行方式。

（2）运维人员应结合例行巡视对AVC子站进行巡视检查。

（3）对于需要检修的无功设备，检修前运维人员向调控人员申请，并经批准后，调整子站运行方式，将检修设备切换至就地控制方式。

（4）保护装置异常、跳闸等不可控情况下，运维人员应立即调整子站运行方式，闭锁异常、跳闸设备；当异常等情况解除后，运维人员向调度员申请，并经批准后，恢复子站正常运行方式。

（5）当AVC动作，电容器或电抗器投切后，运维人员应到现场检查设备状况良好，并且检查监控机的模拟量和开关量变化是否正确。

（6）需闭锁全站AVC系统功能的异常或保护动作信号（如主变压器、母差、无功设备等开关永跳保护动作）出现后，由于“事故总信号”不能复归，AVC主站将闭锁对站端的遥控，为防止无功设备再次投入，此时应向调控人员申请调整子站运行方式，将故障范围内无功设备调整至就地控制方式。

第7章 特高压变电站辅助系统

7.1 消 防 系 统

7.1.1 变电站消防系统构成

变电站消防系统作为变电站各系统构成中的一项重要组成部分，主要任务是通过有效手段检测火灾、控制火灾、扑灭火灾，以达到保障变电站工作人员人身安全以及电力设备安全稳定运行的根本目的。

特高压消防系统主要包括火灾自动报警系统、泡沫消防系统、水消防系统、消火栓系统、灭火器系统、设备消防小间、应急疏散系统。

7.1.2 特高压变电站火灾自动报警系统

特高压变电站火灾自动报警系统是由触发装置、火灾报警装置（即手动报警按钮、火灾探测器等）、火灾警报装置（即声光报警器、火灾显示盘等）以及具有其他辅助功能的装置组成，火灾自动报警系统图如图 7-1 所示（见文后插页）。

火灾自动报警控制器是火灾自动报警系统的核心，它能接收感烟、感温等探测器的火灾报警信号机手动报警按钮、消火栓按钮的动作信号，并将信号转换成声光报警信号，显示火灾发生的位置、时间和记录报警信息等，还可通过手动报警装置启动火灾报警信号。

火灾自动报警系统控制器的键盘为双功能键盘，下部标识为命令功能，上部标识为字符功能。命令功能只在监控状态下起作用，并且多数功能受锁键功能限制；字符功能只在进入菜单后，才可进行数据输入。

当系统中有火警、监管、动作、反馈、启动、延时、故障和屏蔽中的任意一种信息存在时，系统将全屏显示此信息。系统存在火警信息时，将在屏幕的最上方持续显示首警信息。若系统中存在的信息多于一种时，系统将自动分屏，同时显示系统中存在的各类信息，小手图标指向的窗口为当前窗口，在分屏显示状态下，可以按信息查看的方法，对信息进行翻页和选中等操作。

水消防灭火设备是利用水的冷却、水挥发的水蒸气窒息、水的冲击力以及水在燃烧物表面形成的水膜进行灭火的设备。

消防给水系统为Ⅰ类负荷，双电源供电，设有备用电源自投装置，确保供电的连续、可靠。两台电动消防水泵（一运一备）、两台电动消防稳压泵（一运一备）；分别接 380V 站用电Ⅰ、Ⅱ段。消防水泵采用连锁控制。当工作泵故障不能启动时，备用泵能自动投入运行。消防泵和稳压泵切换把手共有“1 号运行/2 号备用”“2 号运行/1 号备用”“手动”三种位置，正常工作在“1 号运行/2 号备用”或“2 号运行/1 号备用”，每季度切换一次。

正常情况下，通过生活消防水泵房内气压罐和消防稳压泵的运行来维持消防管网的水压。一旦发生火灾，消防水管网水压下降，消防水泵能够自动投入运行，向消防管网提供足够的消防水量及水压，保证消防系统的供水。所有水泵均为正压启动，就地手动停泵。若其中一台电动消防泵故障或断电时，备用消防水泵则自动启动。

7.1.3 特高压变电站泡沫喷雾灭火系统

泡沫是一种体积较小、表面被空气包围的气泡群。灭火泡沫是泡沫剂的水溶液，通过物理、化学作用，充填大量气体后形成。泡沫密度远远小于油品密度，因此可以漂浮于油品表面，形成一个连续的泡沫覆盖层，在冷却、窒息、遮断作用下，达到灭火目的。合成型泡沫喷雾灭火系统主要由储液罐、合成泡沫灭火剂、启动源、氮气动力源、控制阀、水雾喷头、管道、动作启动盘组成。泡沫喷雾灭火系统如图 7－2 所示。

当主变压器（高压电抗器）上的感温电缆发出报警时，即为火灾的自动确认。在火灾自动确认的条件下，若系统检测到主变压器三侧（高压电抗器所在线路）断路器均已跳开，联动控制装置应立即打开主变压器（高压电抗器）泡沫喷雾阀，向着火的主变压器喷雾灭火，手工灭火控制时，可以在主控室中进行远程启动控制。火灾自动报警系统和微机监控装置留有接口，微机监测能及时发现火警。

主变压器消防泡沫控制系统的控制单元：通过主控楼消防控制屏的控制开关可以现手动/自动两种控制方式，正常在“手动”方式。

自动方式：选择“自动”方式后，通过对主变压器温度和主变压器高中低压侧的三组开关跳开且某一相主变压器温度达到 138℃，经过 30s 延时启动氮气源，开启相应的分段阀门进行灭火。

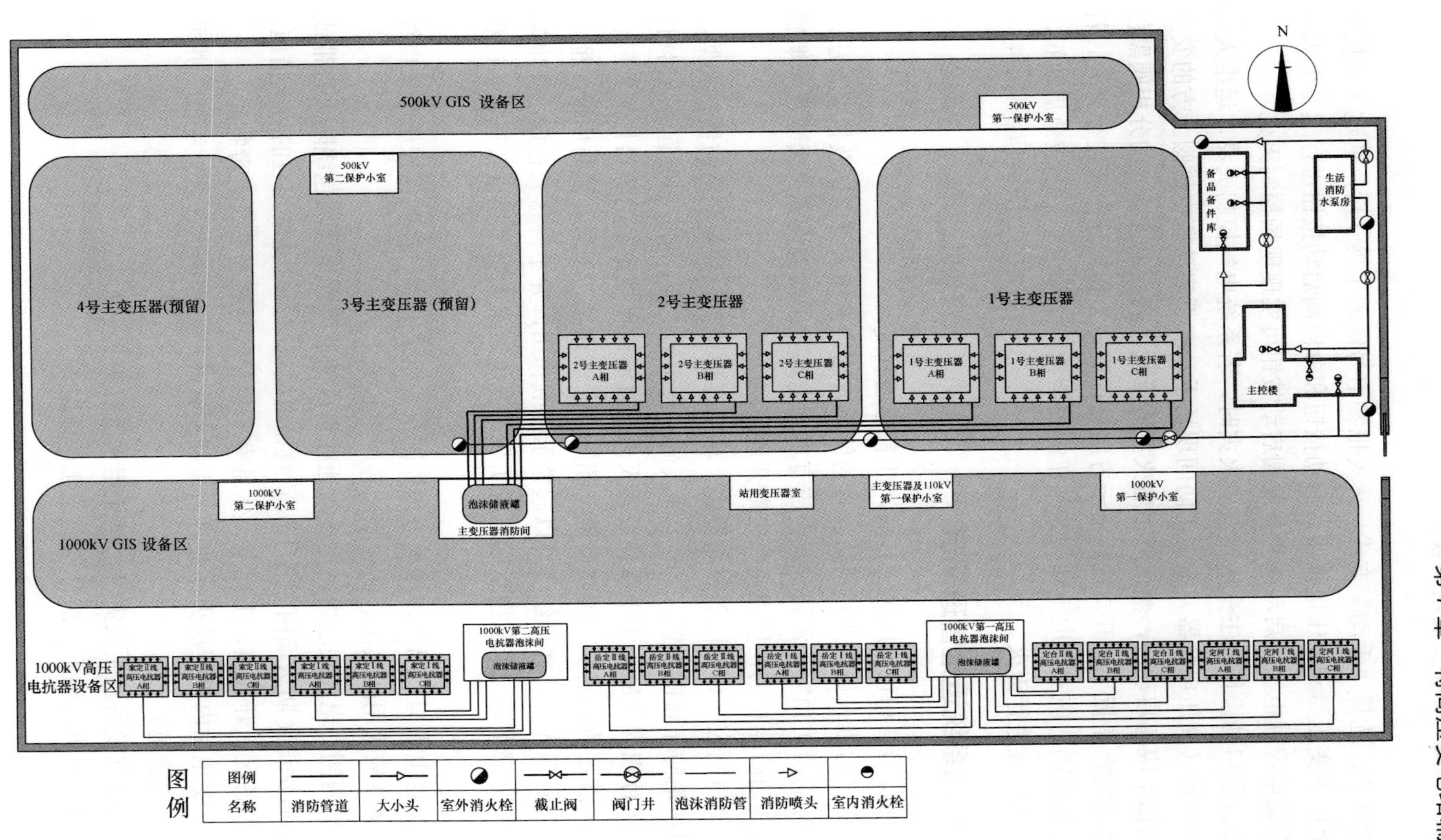

图 7－2　泡沫喷雾灭火系统图

手动方式：选择“手动”方式，火灾报警信号经人工确认后，通过火灾报警控制屏上的主变压器（高压电抗器）启动按钮和分段阀启动按钮进行远方灭火。通过操作现场控制柜上的启动阀和分段阀启动按钮可实现现场控制灭火。

机械应急启动操作：主变压器发生火灾时，若系统电气控制失灵，运维人员应在主变压器（高压电抗器）泡沫消防间现场手动取下启动瓶电磁阀上方的安全销并手动拍下应急启动阀，然后取下着火主变压器（高压电抗器）的分相阀黑色皮塞，再用内六角扳手打开（按照提示方向进行旋转）相应分相阀进行灭火。若启动瓶无法启动，应立即取下动力氮气瓶的安全销，手动逐个拍下应急启动阀，启动动力氮气瓶进行灭火。

7.1.4 消防系统运维管理规定

（1）消防器材和设施应建立台账，并有管理制度。

（2）变电运维人员应熟知消防器具的使用方法，熟知火警电话及报警方法。有结合实际的消防预案，消防预案内应有本变电站变压器类设备灭火装置、烟感报警装置和消防器材的使用说明并定期开展演练。

（3）变电站应制订消防器材布置图，标明存放地点、数量和消防器材类型，消防器材按消防布置图布置；变电运维人员应会正确使用、维护和保管消防器材。

现场运行规程中应有变压器类设备灭火装置的操作规定，消防器材配置应合理、充足，满足消防需要。消防砂池（箱）砂子应充足、干燥。消防用铲、桶、消防斧等应配备齐全，并涂红漆，以起警示提醒作用，并不得露天存放。变电站火灾应急照明应完好，疏散指示标志应明显。变电运维人员掌握自救逃生知识和技能。

（4）穿越电缆沟、墙壁、楼板进入控制室、电缆夹层、控制保护屏等处电缆沟、洞、竖井应采用耐火泥、防火隔墙等严密封堵。

防火墙两侧、电缆夹层内、电缆沟通往室内的非阻燃电缆应包绕防火包带或涂防火涂料，涂刷至防火墙两端各 1m，新敷设电缆也应及时补做相应的防火措施。

（5）设备区、开关室、主控室、休息室严禁存放易燃易爆及有毒物品。

（6）在变电站内进行动火作业时，需到主管部门办理动火（票）手续，并采取安全可靠的措施。

（7）在电气设备发生火灾时，禁止用水进行灭火。

（8）现场消防设施不得随意移动或挪作他用。

7.2　给 排 水 系 统

7.2.1　生活给水系统

某特高压变电站生活给水系统如图 7－3 所示。

变频给水系统由深井水泵、生活水箱、全自动变频恒压给水设备、生活给水管网组成。两台生活水泵一用一备，有手动、自动两种控制方式。自动状态下，当设备供水压力降到 0.28MPa，生活水泵自动启动；设备压力达到 0.32MPa，生活水泵自动停运。运行泵故障，备用泵应立即自动投入。

7.2.2　排水系统

某特高压变电站排水系统图如图 7－4 所示。

站区生活排水、雨水排水采用分流制排水系统。站区场地雨水采用有组织排放方式。站区建筑物、电容器组内雨水采用有组织排放方式，建筑物雨水落水管均经雨水排水管道接入就近的雨水检查井或雨水口内。

7.2.3　污水处理系统

主控楼内生活污、废水经过一体化生活污水处理装置处理后排出。污水调节池中安装两台污水升压泵，一用一备，交替运行，受液位自动控制。当一台故障时，另一台自动切入运行，并发出报警信号。

7.2.4　给排水系统运维管理规定

（1）雨季来临前对可能积水的地下室、电缆沟、电缆隧道及场区的排水设施进行全面检查和疏通，做好防进水和排水措施。

（2）每年进行电缆沟、排水沟、围墙外排水沟维护。在每年汛前应对水泵、管道等排水系统、电缆沟（或电缆隧道）、通风回路、防汛设备进行检查、疏通，确保畅通和完好通畅。对于破坏、损坏的电缆沟、排水沟，要及时修复。

（3）每年及时进行水泵维护。每年汛前对污水泵、潜水泵、排水泵进行启动试验，保证处于完好状态。对于损坏的水泵，要及时修理、更换。

（4）巡视项目。每年汛期前对防汛设施、物资进行全面巡视：

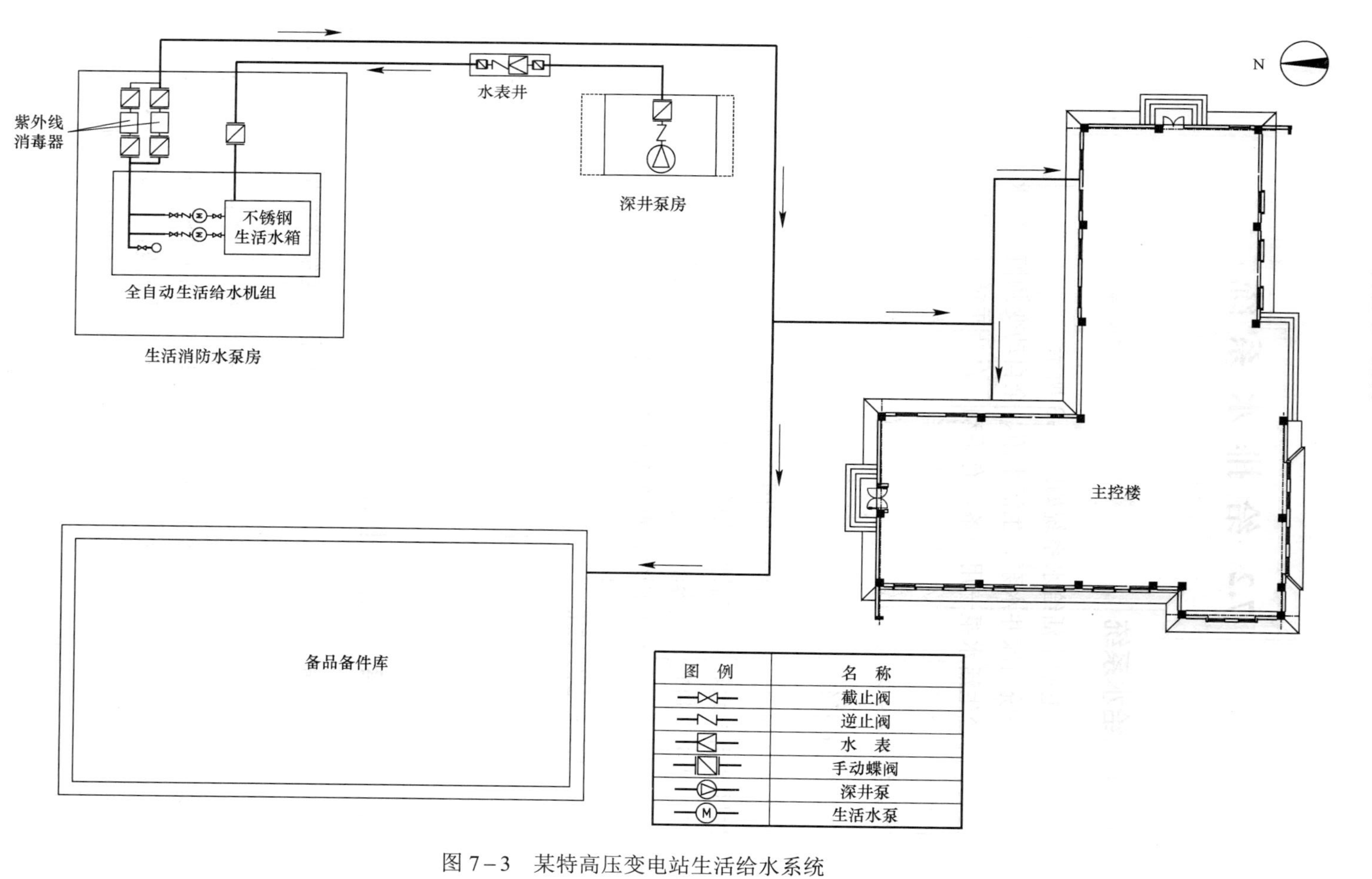

图 7－3　某特高压变电站生活给水系统

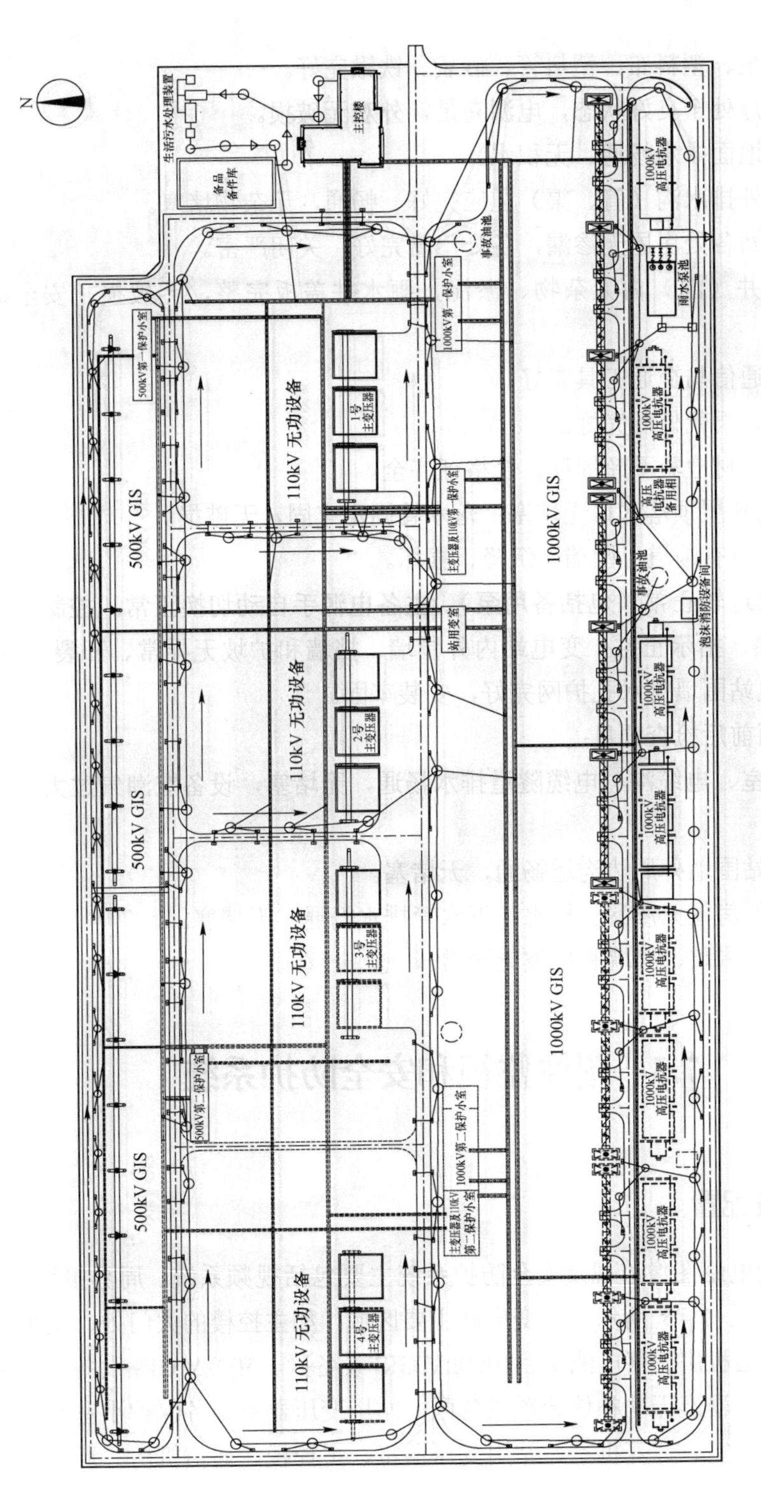

图 7-4　某特高压变电站排水系统图

1）潜水泵、塑料布、塑料管、砂袋、铁锹完好。

2）应急灯处于良好状态，电源充足，外观无破损。

3）站内地面排水畅通、无积水。

4）站内外排水沟（管、渠）道应完好、畅通，无杂物堵塞。

5）变电站各处房屋无渗漏，各处门窗完好；关闭严密。

6）集水井（池）内无杂物、淤泥，雨水井盖板完整，无破损，安全标识齐全。

7）防汛通信与交通工具完好。

8）雨衣、雨靴外观完好。

9）防汛器材检验不超周期，合格证齐全。

10）变电站屋顶落水口无堵塞；落水管固定牢固，无破损。

11）站内所有沟道、围墙无沉降、损坏。

12）水泵运转正常（包括备用泵），主备电源手自动切换正常。控制回路及元器件无过热，指示正常。变电站内外围墙、挡墙和护坡无异常、开裂、坍塌。

13）变电站围墙排水孔护网完好，安装牢固。

（5）大雨前后检查项目：

1）地下室、电缆沟、电缆隧道排水畅通，无堵塞，设备室潮气过大时做好通风除湿。

2）变电站围墙外周边沟道畅通，无堵塞。

3）变电站房屋无渗漏、积水；下水管排水畅通，无堵塞。

4）变电站围墙、挡墙和护坡无异常。

7.3 图像监视和安全防护系统

7.3.1 系统配置

特高压变电站图像监视及安全防护系统主要包括视频系统、周界报警系统、门禁系统，如图 7－5 所示。在变电站主要区域，如主控楼的大门处、主控室、计算机室、通信机房、蓄电池室、1000kV GIS 设备区、500kV GIS 设备区、主变压器、高压电抗器及无功补偿装置设备区、站用变压器室、各保护小室等均设置摄像头。保护小室、计算机室、站用变压器室、主控楼、通信机房、通信蓄电池

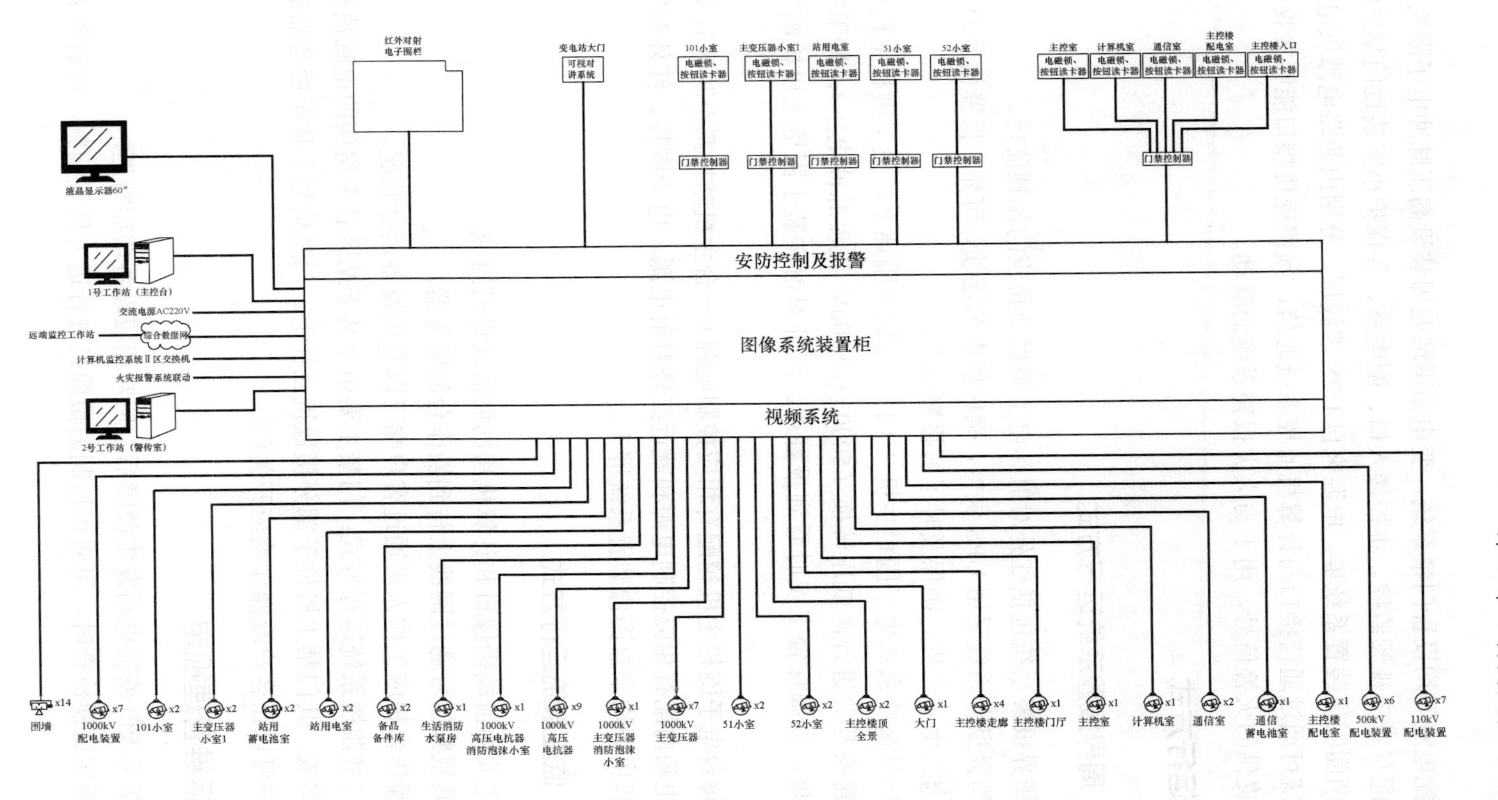

图 7－5　特高压变电站图像监视及安全防护系统布置图

室、主控配电室等均设置门禁系统，变电站围墙四周装设高压脉冲电子围栏及红外对射并配有对应视频监控。主控楼入口、配电室、各保护小室装设门禁系统。全站配有两面图像装置系统屏，电源来自 UPS 馈线屏，分别由两路电源供电。图像监视系统可通过通信接口与计算机监控系统通信，预留远传接口能够接收火灾报警系统提供的火警信号，用于与火灾报警系统的联动。

7.3.2 运行方式

7.3.2.1 周界报警系统运行方式

（1）周界报警系统包括红外对射和电子围栏及相应的视频监控。

（2）周界报警系统采用 UPS 供电，确保供电的连续、可靠。报警信号通过环境量主机上传至后台机，确保及时了解报警信息。

（3）周界报警系统电子围栏主机（7 台）分装于围墙上，电子围栏主机可通过高低压转换开关进行高低压转换（5000～10 000V 直流脉冲电压）；警卫室配有报警键盘，以确保警卫及时看到报警点。红外对射安装于围墙上以检测主动入侵。

（4）每台电子围栏主机箱配有相应控制电源（一台主机辖控两个防区），每台摄像机配电箱内配有相应控制电源和就近红外对射电源。电子围栏、红外对射及相应摄像机电源均来自图像装置系统屏Ⅰ。

7.3.2.2 监控系统运行方式

（1）主要由前端摄像机和计算机房的硬盘录像机组成。

（2）其视频信号通过网线上传到操作台的服务器。

（3）操作台相应工作人员通过客户端可以监控设备运行状况。

（4）门禁监控系统运行方式：门禁主要由安装于站区各个房间的电磁锁和相应的主机构成。其门禁主机位于部分摄像机立杆上。门禁信号上传至服务器的平台，操作员可以在客户端操作响应开关门。

7.3.3 运维管理规定

（1）恶劣天气或变电站发生故障后，应对相应设备增加特巡。

（2）每次巡视检查时，可对可控制的摄像机进行远方位置调整，检查所有可见部分。

（3）不得随意删除、修改该系统运行程序和存储信息。

（4）正常运行中不得随意退出系统软件平台，不得在该系统客户端电脑中进行与巡视检查无关的工作，严禁安装游戏等非办公软件。

（5）该系统中的摄像机，应每季度至少清擦一次；因特殊情况脏污严重时，应及时进行清擦。该系统中的服务器、计算机等设备，应定期进行检查和除尘。

（6）视频系统例行巡视。

1）视频显示主机运行正常、画面清晰、摄像机镜头清洁，摄像机控制灵活，传感器运行正常。

2）视频主机屏上各指示灯正常，网络连接完好，交换机（网桥）指示灯正常。

3）视频主机屏内的设备运行情况良好，无发热、死机等现象。

4）视频系统工作电源及设备正常，无影响运行的缺陷。

5）摄像机安装牢固，外观完好，方位正常。

6）围墙震动报警系统光缆完好。

7）围墙震动报警系统主机运行情况良好，无发热、死机等现象。

（7）视频系统全面巡视。

在例行巡视的基础上增加以下项目：

1）摄像机的灯光正常，旋转到位，雨刷旋转正常。

2）信号线和电源引线安装牢固，无松动及风偏。

3）视频信号汇集箱无异常，无元件发热，封堵严密，接地良好，标识规范。

4）摄像机支撑杆无锈蚀，接地良好，标识规范。

（8）防盗报警系统例行巡视。

1）电子围栏报警主控制箱工作电源应正常，指示灯正常，无异常信号。

2）电子围栏主导线架设正常，无松动、断线现象，主导线上悬挂的警示牌无掉落。

3）围栏承立杆无倾斜、倒塌、破损。

4）红外对射或激光对射报警主控制箱工作电源应正常，指示灯正常，无异常信号。

5）红外对射或激光对射系统电源线、信号线连接牢固。

6）红外探测器或激光探测器支架安装牢固，无倾斜、断裂，角度正常，外观完好，指示灯正常。

7）红外探测器或激光探测器工作区间无影响报警系统正常工作的异物。

（9）防盗报警系统全面巡视。在例行巡视的基础上增加以下项目：

1）电子围栏报警、红外对射或激光对射报警装置报警正常；联动报警正常。

2）电子围栏各防区防盗报警主机箱体清洁、无锈蚀、无凝露。标牌清晰、正确，接地、封堵良好。

3）红外对射或激光对射系统电源线、信号线穿管处封堵良好。

7.4 低空防御系统

7.4.1 低空防御系统简介

近年来，以多旋翼飞行器为主要形式的低空慢速小目标无人机发展迅速，但因其有空中摄像、凌空飞抵、实时图传、运输投放等功能，也给保密和安全保卫等工作带来了新挑战。通过建设低空防御系统，可在变电站及其周界外围建立警戒区域，实现全空域无缝覆盖，及时发现变电站周边无人机的活动，对无人机的侵入提前预警，并对侵入无人机进行驱离和迫降。

7.4.2 低空防御系统技术原理

7.4.2.1 无人机侦测技术

无人机侦测的技术手段可以分为雷达探测、无源侦测两种方式。其中雷达采用多普勒效应对移动目标进行探测，具有探测距离远、精度高的特点，但其缺点是受高大建筑物或山体遮挡时，探测距离大大受限，而且雷达设备工作时有电磁辐射，价格较高。无源侦测通过接收无人机飞行时发射的无线电信号，对信号进行处理，从而识别出无人机的型号，并发出预警。这种方式的优点是设备成本较低，而且没有电磁辐射。

7.4.2.2 无人机反制技术

无人机反制的手段较多，国内主要采用电磁干扰压制的方式，通过干扰无人机的飞控、图传链路以及无人机接收的 GPS 信号，迫使无人机返航或降落。另外也可以采用 GPS 诱骗的方式，通过发射 GPS 伪信号，造成无人机错误判定自身位置，从而就地降落或偏航。

7.4.2.3　巡线无人机识别技术

通过对变电站巡线无人机挂载电子信标，使地面无人机侦测设备具备敌我识别能力，当收到电子信标发出的信息时，可以识别出自方飞机，判定为无威胁目标。

7.4.3　低空防御系统构成

系统由前端设备及管控平台两部分构成，前端设备由固定部署设备和便携设备组成；管控平台支持供电公司和变电站两级部署。前端固定部署设备包括无人机无源侦测设备、全向无人机管制设备两类。前端便携式设备包括手持式无人机管制设备和单兵无人机侦测预警仪。某变电站配置的低空防御系统构架如图 7－6 所示。

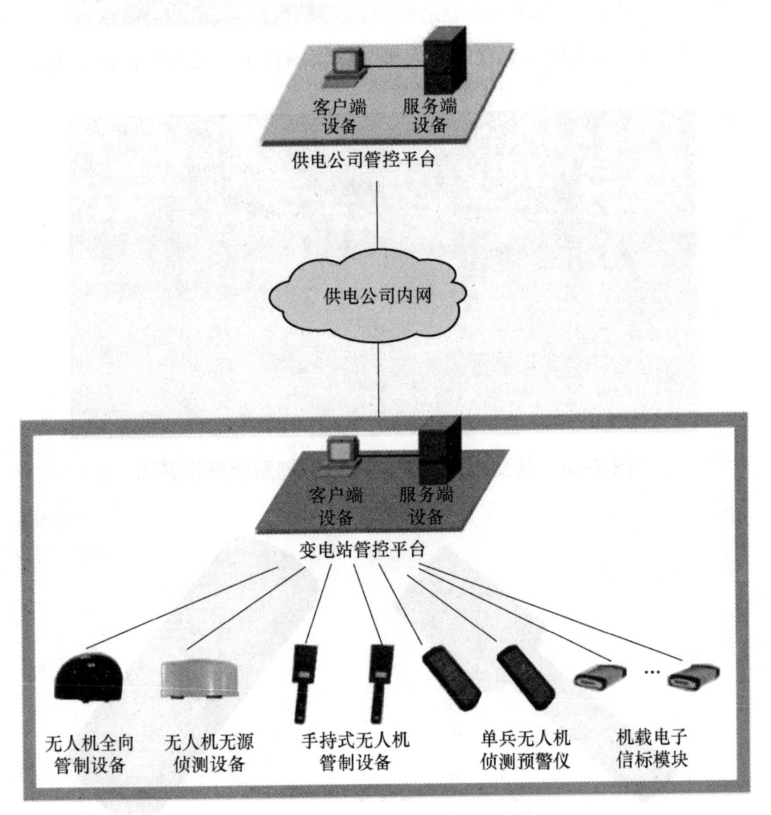

图 7－6　某变电站配置的低空防御系统构架

7.4.4 低空防御系统配置

常见低空防御系统配置包括无人机无源侦测设备、无人机管制设备、低空防御系统、手持式无人机管制设备、单兵无人机侦测预警仪（见图 7-7～图 7-9）。

图 7-7　某变电站配置的无人机无源侦测设备、无人机管制设备

图 7-8　某变电站配置的低空防御系统操作界面

图 7-9　某变电站配置的手持式无人机管制设备、单兵无人机侦测预警仪

7.5 智能巡检系统

7.5.1 智能巡检系统简介

智能巡检系统主要由巡检主机、变电站巡检机器人（无人机）、视频监控系统等组成；变电站巡检机器人（无人机）和视频监控装置采集分析变电站室内外一、二次设备视频和图像等监控数据；智慧化联合巡检系统平台通过建立标准化的图谱库及其素材标定方法、深度学习模型、目标识别检测技术、智能化视觉单元前置方案设计以及智能化信息处理算法，实现对变电站智能巡检；同时对巡检结果进行智能分析及数据上送。实现设备状态智能检测、事故信息实时传输、环境监测、缺陷管理等功能。设备信息和关键状态可以得到 7×24h 的全时获取和分析，降低故障的响应时间，减少运维人员长距离的实地巡检工作。

7.5.2 智能巡检系统构成

主站端主要实现对所辖变电站智能巡视、运维管理等各类业务应用，并为运维班提供数据访问和应用服务。

变电站端完善站内全面感知手段，整合室内外巡检机器人（无人机）、高清视频、红外热成像测温、各类子系统，由巡检主机下发控制、巡检任务等指令，开展室内外设备联合巡检作业，对采集的数据进行智能分析，形成巡检结果和巡检报告，及时发送告警。同时具备实时监控、与主辅监控系统智能联动等功能。某变电站配置的智能巡检系统构架图见图 7－10。

7.5.3 智能巡检系统功能介绍

7.5.3.1 实时监控

系统实时展示高清视频和机器人（无人机）巡视画面，对环境进行防盗、防火、防人为事故的监控，对变电站设备如主变压器、场地设备、高压设备、电缆层等进行监视。实现设备信息和关键状态 7×24h 的全时获取，远程查看设备运行状态、运行环境、现场人员行为和消防安防状况，具备历史数据存储和查阅功能。某变电站智能巡检系统实时监控画面见图 7－11。

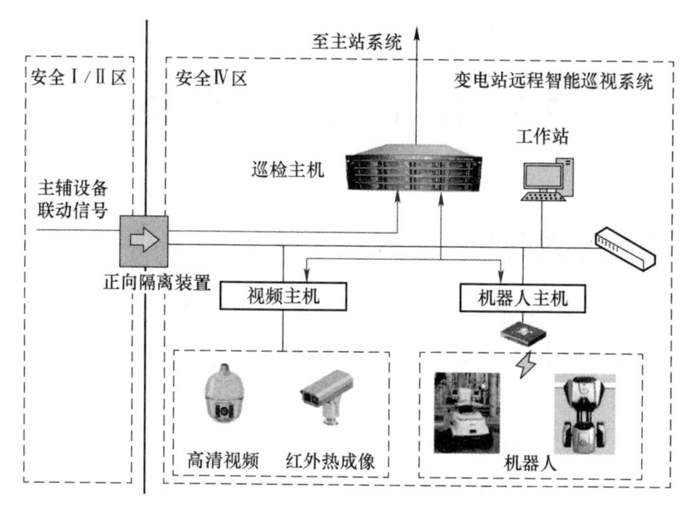

图 7－10　某变电站配置的智能巡检系统构架图

图 7－11　某变电站智能巡检系统实时监控画面

7.5.3.2　智能巡视

巡视主机可对机器人（无人机）和视频监控系统进行控制，根据需求配置巡视任务，有固定和临时巡视任务。可以根据设备报警、恶劣环境等情况配置任务，机器人和视频摄像头自动开展巡视，同时支持人工、远程控制，实现变电站的巡视任务管理。某变电站智能巡检系统全面巡视画面见图 7－12。

7.5.3.3　图像识别分析

巡视主机配置的 GPU 处理器，通过建立标准化的图谱库、深度学习模型、目标识别检测、智能化信息处理算法等技术手段，对变电站内设备典型缺陷故障进行图像识别和图像判别分析，实现设备缺陷识别、设备异常判别、设备状态识别、安全风险识别等功能。智能巡检系统图像识别分析图例见图 7－13。

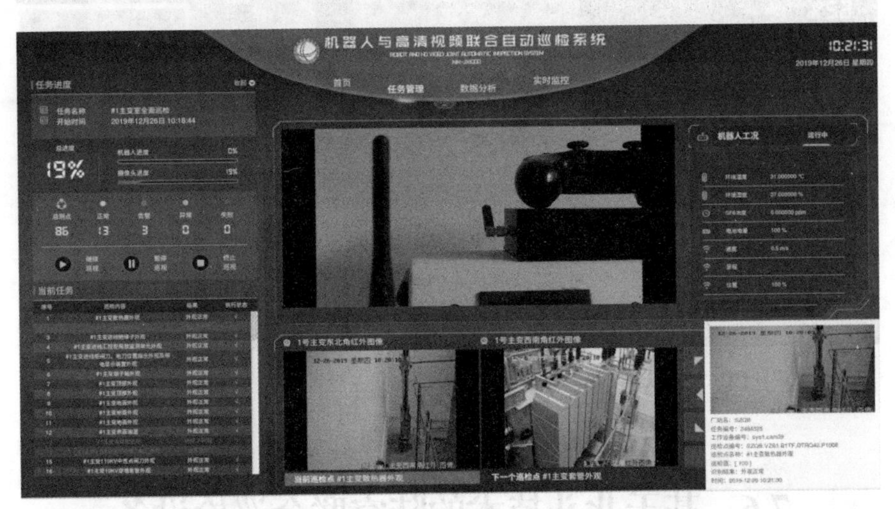

图 7－12　某变电站智能巡检系统全面巡视画面

图 7－13　智能巡检系统图像识别分析图例

7.5.3.4　智能联动

获取主辅设备监控系统监测数据，整合主辅设备监控信息，当巡视主机接到主设备遥控预置、主辅设备变位、主辅设备监控系统越限、告警等信号后，自动生成视频巡视任务进行巡视，并在巡视主机查看复核结果，从而实现主辅设备与巡视系统的联动功能。主变压器差动保护动作信号触发主变压器联动巡检监控画面，见图 7－14。

图 7－14　主变压器差动保护动作信号触发主变压器联动巡检监控画面

7.6　基于北斗技术的陆空联合巡检设备

7.6.1　基于北斗技术的陆空联合巡检设备简介

将无人机、机器人、北斗定位导航进行结合，引入基于北斗技术的多旋翼无人机、配套智慧机巢和基于北斗技术的智能轮式机器人，将无人机和机器人进行整合，对变电站巡检任务依照设备巡检点所在高度进行分解，由无人机负责对高、中空域空间开阔设备的巡检，由机器人负责贴近地面设备的巡检，从而实现对变电站全站设备的巡检覆盖。

7.6.2　北斗技术的优越性

（1）基于北斗有源定位技术及变电站三维云模型，融合激光制导及惯性制导，实现准确的初始定位及重定位，进一步提升了定位的准确性和速度，解决了原巡检机器人及无人机定位精度差覆盖区域不足、易受环境影响需频繁校准等问题，提升了机器人及无人机运行的稳定性。

（2）北斗卫星导航系统是我国自主建设、独立运行的卫星导航系统，可从根源上保障变电站设备位置信息的安全。同时，所有业务数据全部在国家电网有限公司信息内网中进行传递及运行，可保护数据私密性，提高网络安全可靠性。

7.6.3　基于北斗技术的陆空联合巡检设备架构

北斗无人机巡检设备包括多旋翼无人机本体、全自动智能无人机机巢、气象及通信设备、飞控平台。北斗无人机构架见图 7－15。

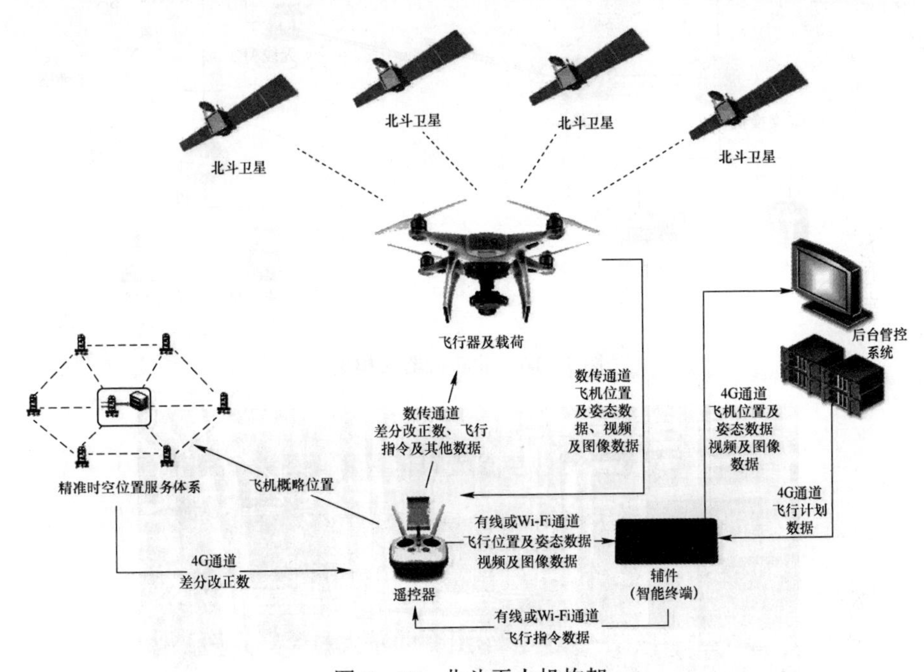

图 7－15　北斗无人机构架

北斗机器人设备包括控制室、机器人本体、机器人充电房。北斗机器人构架见图 7－16。

7.6.4　基于北斗技术的陆空联合巡检设备应用情况

北斗机器人及北斗无人机在变电站的应用，有效解决了传统巡检设备易受强电场、强磁场以及强可见光影响导致巡检频繁中断的问题，大大提高了运维人员的工作效率，降低了劳动强度。通过辅助人工开展设备（建筑物）巡视、红外测温、恶劣天气和危险环境巡视等专项巡视，进一步提高设备巡检质量和安全性。北斗机器人+北斗无人机联合巡检画面见图 7－17。

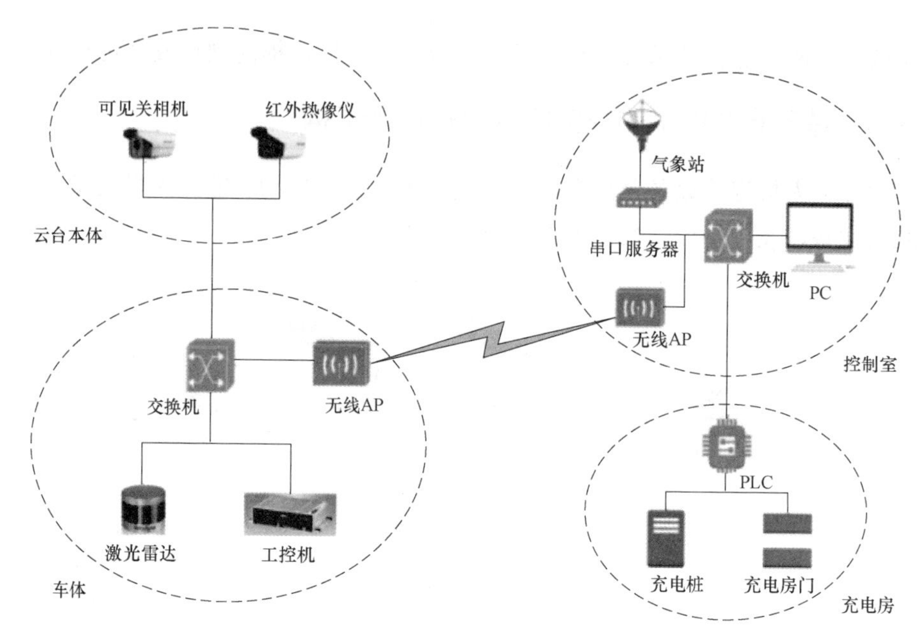

图 7-16　北斗机器人构架

图 7-17　北斗机器人+北斗无人机联合巡检画面